科学普及读本

十大科普读物之一

趣味力学

〔俄罗斯〕雅科夫·伊西达洛维奇·别莱利曼 著

赤飞 译　贾英娟 绘

U0209578

江西教育出版社

JIANGXI EDUCATION PUBLISHING HOUSE

图书在版编目（CIP）数据

趣味力学 ／（俄罗斯）雅科夫·伊西达洛维奇·别莱利曼著；赤飞译；贾英娟绘 . -- 南昌：江西教育出版社，2018.5

（趣味科学）

ISBN 978-7-5392-9791-0

Ⅰ．①趣… Ⅱ．①雅… ②赤… ③贾… Ⅲ．①力学—普及读物 Ⅳ．① O3-49

中国版本图书馆 CIP 数据核字（2017）第 242756 号

趣味力学

QUWEI LIXUE

（俄罗斯）雅科夫·伊西达洛维奇·别莱利曼　著

赤飞　译　　贾英娟　绘

···

江西教育出版社出版

（南昌市抚河北路 291 号　邮编：330008）

各地新华书店经销

大厂回族自治县德诚印务有限公司

710mm×1000mm　16 开本　　14 印张　　210 千字

2018 年 5 月第 1 版　　2019 年 9 月第 3 次印刷

ISBN 978-7-5392-9791-0

定价：42.00 元

···

赣教版图书如有印制质量问题，请向我社调换　电话：0791-86705984

投稿邮箱：JXJYCBS@163.com　　　　　电话：0791-86705643

网址：http://www.jxeph.com

赣版权登字 -02-2018-221

　　雅科夫·伊西达洛维奇·别莱利曼（1882—1942）不是一个可以用"学者"这个词的本义来形容的学者。他没有什么科学发现，也没有什么称号，但是他把自己的一生都献给了科学；他从来不认为自己是一个作家，但是他的作品印刷量足以让任何一个成功作家羡慕不已。

　　别莱利曼诞生于俄罗斯格罗德省别洛斯托克市，17 岁开始在报刊上发表作品，1909 年毕业于圣彼得堡林学院，此后从事教学和科学写作。1913—1916 年完成《趣味物理学》，为他以后完成一系列的科学读物奠定了基础。1919—1923 年，他创办了苏联第一份科普杂志《在大自然的实验室里》，并担任主编。1925—1932 年，担任时代出版社理事，组织出版大量趣味科普图书。1935 年，主持创办列宁格勒（圣彼得堡）"趣味科学之家"博物馆，开展广泛的青少年科普活动。在卫国战争中，还为苏联军队举办军事科普讲座，这也是他在几十年的科普生涯中作出的最后的贡献。在德国法西斯围困列宁格勒期间，他不幸于 1942 年 3 月 16 日辞世。

别莱利曼一生写了 105 本书，大部分都是趣味科普读物。他的许多作品已经再版了十几次，被翻译成多国文字，至今仍在全球范围内出版发行，深受各国读者朋友的喜爱。

凡是读过他的书的人，无不被他作品的优美、流畅、充实和趣味性而倾倒。他将文学语言和科学语言完美结合，将生活实际与科学理论巧妙联系，能把一个问题、一个原理叙述得简洁生动而又十分准确，妙趣横生——让人感觉自己仿佛不是在读书、学习，而是在听什么新奇的故事一样。

1957 年，苏联发射了第一颗人造地球卫星，1959 年，发射的无人月球探测器"月球 3 号"，传回了航天史上第一张月亮背面照片，其中拍到了一个月球环形山，后被命名为"别莱利曼"环形山，以纪念这位卓越的科普大师。

CONTENTS

目录

第一章　力学的基本定律

第二章　力和运动

第三章　重力

第九章　摩擦和介质阻力

第十章 生物世界里的力学

1 两个鸡蛋相撞中的力学问题

取两个硬度、大小基本一样的鸡蛋，左右手各拿一个，然后用一手中的鸡蛋向另一手中的鸡蛋撞去（图1）。注意，这里两个鸡蛋碰撞的部位也基本一致，那么你猜哪一个手里的鸡蛋会被撞破呢？

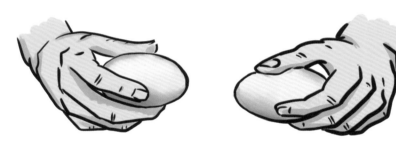

图 1

这是美国《科学和发明》杂志中曾刊登过的一个问题，杂志也肯定地给出了答案：通过多次试验发现，被撞破的多是主动去撞的鸡蛋，也即处于"运动状态"下的那个鸡蛋。

为什么会这样呢？杂志给出了解释："蛋壳的外形呈拱形，当两个鸡蛋发生碰撞的时候，保持不动的鸡蛋，其压力会作用于外壳，并得到加强，这是因为拱形物体对外来压力的承受力很强。不过，与静止的拱形物体相比，处于运动中的拱形物体，所承受的压力是完全不同的。在这个试验中，运动中的鸡蛋，不仅承受着外在的压力——来自于静止鸡蛋相撞的压力，还有来自内部的压力——鸡蛋蛋液由内朝外运动的压力。对这种来自内部的压力，拱形物体的承受度，要远低于对外部压力的承受度，更何况是双管齐下的情况，所以，撞破的就总是运动中的鸡蛋了。"

当这个问题出现在列宁格勒（现俄罗斯圣彼得堡）的报纸上后，各种稀奇的答案纷至沓来。

很多人认为被撞碎的一定是主动去撞的鸡蛋；但也有一些人觉得，主动去撞的鸡蛋会是完好无损的那个。他们给出的理由看上去似乎都各有道理，但事实上却都是错误的。因为他们的大前提——说主动去撞的鸡蛋是运动的，而被撞的鸡蛋是静止的——这一论点本身就是错误的。我们不能过分强调鸡蛋的运动与否，因为不论是主动去撞的还是被撞的鸡蛋，两者之间并没什么不同，用什么标准来确定鸡蛋的动与不动呢？

如果是从地球上来说，那我们知道，地球本身也是在不断运动的，而且它的运动呈现为十几种不同的方式。不管是主动去撞的，还是被撞的，都会存在多种不同的运动方式，谁能说两者哪一个运动得更快呢？

如果是从运动和静止的特征上来说，那就算是看遍所有的天文学书籍，恐怕也无法准确预测两个鸡蛋的结局——因为天空中每一个可见的星星，都是运动的，它们所在的整个银河系，相对其他星系而言，同样也都是运动的。

瞧，两个鸡蛋，便将我们带向了深奥的宇宙学，而问题也还远远没有解决。当然，这种说法并不确切，因为问题毕竟向解决的方向靠近了——它让我们明了一个真理：不就某一相对物体而言，单独去谈论一个物体的运动，是完全没有意义的。就单一的物体来说，没有运动与否之说；运动，至少得是两个物体之间的对比，或是靠近，或是远离。上文中两个鸡蛋的相撞是在相同的运动状态进行的，它们在相互靠近——对于它们的运动，我们只能确定这一点。至于相撞后可能出现的结果，却并不在于我们把哪个看成是主动去撞的一方，哪个又是被撞的一方而产生不同。

300多年前，伽利略已经提出了静止与匀速运动的相对性，也即众所周知的力学相对论。这里提醒大家，不要与爱因斯坦的相对论混淆，爱因斯坦的相对论是在20世纪初才出现的，况且他的相对论也是在伽利略相对论的基础上发展起来的。

注　释

①世界上许多著名建筑都喜欢以拱形来修建，如罗马式建筑、中国古桥等，原因就在于拱形的承载力更强。因为拱形建筑两侧的拱脚，不仅可以分担中心点的压力，将其导向地面，同时还能向中心提供反作用力，增强了拱形结构的承载力。

②这里还涉及一个重要的问题，下一节我们会做详细介绍，这里先简单说一下：相撞的两个物体，与外界并非完全隔离的。比如，鸡蛋主动撞击时的快速运动，会使空气压力对它所产生的破坏力，超过撞击对它所产生的破坏力。哪怕去撞的鸡蛋在半路上突然停下来，蛋液也会对蛋壳产生内在的力。

2 木马旅行记

从上一节内容，我们可以得出这样一个结论：一个物体呈匀速直线运动的状态，和一个物体静止而其四周环境朝与它相反的方向做匀速直线运动，这两者之间是没有任何区别的。不管是"物体是匀速运动的"，还是"物体静止而周围环境是匀速相反运动的"，这两者从根本上来说，其实是一回事。

但是，更严格地来说，这两种说法本身都是不严谨的。更准确的说法应是：物体和周围环境在彼此做着相对的运动。

这一点，即使是现代学习力学或者物理学的人都未必能完全认识到。但是，300多年前一位并没有读过伽利略著作的人——塞万提斯，也即名著《堂吉诃德》的作者，却不仅已经熟知了这一点，甚至还把他的认识见解渗透到了他的作品中。也因此，我们得以欣赏到了那位光荣的骑士和他的侍从骑木马旅行的精彩片段。

骑木马前，他们向堂吉诃德解释说：

"大勇士玛朗布鲁诺亲口担保，他只为了比剑，请骑士尽管放心前去应约。如果骑士有侍从，可以让侍从骑在马屁股上。这匹马的脖子上有个机关，只需轻轻扭动一下，它就会从空中直接送他们到玛朗布鲁诺。但是你们得蒙上眼睛，不然飞得太高头会晕的，当听到马嘶鸣的声音时，就表示已经到达目的地了，那个时候才能睁开双眼。"

于是，堂吉诃德和他的侍从桑丘骑上了木马，并蒙上了双眼，一切准备就绪后，堂吉诃德扭动了开关。

旁边的人立刻行动起来，让骑士和侍从相信他们果然像"射出的箭一样快"地在空中疾驰了。

"我敢发誓，"堂吉诃德对侍从桑丘说，"我从来都没有坐过这么平稳的坐骑，就像不曾走过一步似的。亲爱的朋友，不用害怕，事情进展得很顺利。"

"是啊！"桑丘回答说，"我感觉到风很大，就好像是有一千个风箱正对着我们吹。"

事实也确实如此，旁边有几个大风箱正在对着他们鼓风呢！

塞万提斯书中所描写的木马，实际上就是今天各种游戏场所或者公园里，供人们消遣娱乐的各种木马游戏的原始形式。其实，无论是木马，还是类似的其他游戏，都是根据静止和匀速运动不可能从机械效果上完全被分辨出的原理研发而来的。

3 日常生活中的力学

许多人已经习惯把静止和运动看作是对立的两面，就跟天和地、水和火的对立一样。在这种认知的影响下，当他们在火车上过夜时，丝毫不用去关心火车是静止着的，还是疾驰着的。与此同时，在理论上，他们却又坚信疾驰的火车不可能是静止不动的，而火车下面的铁轨、大地和周围环境也不可能是在朝相反的方向运动着的。

那么，对这一说法，火车司机又是怎么看待的呢？

爱因斯坦对此进行论述时说："火车司机会否定这一说法。因为他认为燃烧和润滑的目的是让机车运动，而不是周围的环境。他工作的结果就是运动，而进行运动的应该是机车。"

表面看来，火车司机的观点是非常有道理的，几乎具有决定性的说服力。但是，我们不妨这样设想一下：有一条沿着赤道铺设的铁轨，上面有辆火车正在朝西方行进，正好跟地球自转的方向相反。此时，周围的环境都是与火车迎面相对而过，火车内的燃料只能保证火车不被四周环境带向后方，或者也可以说，是让火车尽量落在四周环境向东方运动的后方。

如果司机想让火车脱离这种状态，不参与到地球的自转中，他就得让火车的疾驰速度达到 2 000 千米／小时[1]。

现实中，他是找不到这样的火车的。换成喷气式飞机，倒是还可以达到这个速度[2]。

在火车进行持续的匀速运动时，是不可能确定火车和周围的环境，到底谁处于运动的状态，而谁又处于静止的状态。现实的物质世界构造决定了，在任何一个瞬间，都不可能绝对解决这个问题：究竟是静止的还是匀速运动的。人们只能研究一个物体跟另外一个物体之间的相对匀速运动，即使观察这个现象的人参与到匀速运动中去，也不能影响到被观察的现象及其自身的定律。

注　释

[1] 即使到了今天，火车的速度仍然无法超出地球的自转速度。2010 年，中国高铁研发出的"和谐号"380A，轨道实验速度最高为 486.1 千米／小时，而速度更高的 CIT500 型试验速度达到 605 千米／小时；目前地球上跑得最快的汽车，极限速度为 431 千米／小时。

②美国宇航局在 1976 年发射的太阳神 2 号探测器，是迄今为止人类发射的飞行速度最快的人造天体，其飞行速度约 25 万千米 / 小时；2004 年研制的 X-43A 高超音速飞行器的飞行速度达到了 11 760 千米 / 小时，相当于声音速度的 9.6 倍。

4 船上的决斗

在多数情况下，人们在实际生活中是用不到相对论的。但凡事也总有例外。现在我们不妨假设一下，在一艘行驶的船上，两个射手面对面站立着，用枪瞄准对方射去（图 2）。我们的问题是，在这种情况下，两个射手所拥有的条件是否完全一样呢？那个背向船头的射手是否会抱怨说，他射出的子弹要比对方的子弹飞得慢一些呢？

图 2

因为，相对于海面来说，逆行方向飞出的子弹要比船体静止时射出的子弹慢，而朝着船行方向射出的子弹则要快一些。然而这并不能影响到射手们所处的相同条件，因为朝船尾方向射去的子弹，它的目标也迎面而来。因此在船做匀速运行时，目标迎面而来的速度，恰好补偿了子弹本身所减少的速度；而射向船头的子弹则要追赶它的目标，因为它的目标正在离开子弹，并且离开的速度跟子弹所增加的速度相等。

最终结果是，两颗子弹跟它们各自的目标相对来说，在行进的船上和在静止的船上，两者运动是一样的。

当然，这种现象得在特定的条件下成立，那就是要在依直线匀速行进的船上才可以。

这里可以引用伽利略所著的最早阐述经典相对论的书（几乎把它的主人带上宗教裁判所的火堆上烧死的一本书）中一段话来说明：

"假设你把自己和朋友关在一个大船甲板下的大房间里，此时大船正在做匀速运动，那么你们就不可能立刻判断出船是在运动着，还是静止着。假如你们在那个房间里跳远的话，你们跳出的距离跟在静止的船上跳出的距离会是一样的。你们不会因为船在运动，在跳向船尾时就跳得远，也不会在跳向船头时就跳得近——虽然在向船尾跳跃时，有一瞬间，你的全身都在空中，而此时你脚下的船正向着你所跳的相反方向运动。如果你丢掷一个东西给你的朋友，从船尾扔向船头的力气不会比从船头扔向船尾所花费的力气更大……船上的苍蝇四处乱飞，并不会专门在船尾那边停留。"

为了让经典相对论更容易为人理解，可以用一句话来加以概括说明："在某一个体系中进行的运动特性，并不会因为这个体系是静止的，还是做着匀速直线运动，而有所不同。"

5 风洞

在现实生活运用中，根据经典相对论的原理，有时候会用静止替代运动，或者把静止看成是运动。例如，在研究飞机或者汽车向前行进时，要研究空气阻力对它们的作用，一般都是研究它的"相反"现象，也就是研究运动中的空气流对静止的飞机或汽车的作用。

具体做法一般是，在实验室里设置一个超大的管子——风洞[1]（图3为风洞的纵截面。飞机或机翼的模型悬挂在标有 X 号的工作段里，空气在风扇 V 作用下，沿箭头方向移动，通过狭颈 N 吹向实验段，以后再吹入管子里），利用风洞制造一股空气流，然后对着悬挂着的静止的飞机或者汽车模型进行实验。

这样得出的结论在实际中是完全适用的，虽然实际现象跟此情景相反：空气不动，汽车或者飞机是高速运动着的。

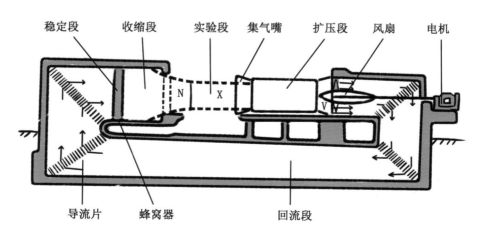

图 3

现在的风洞已经有很大尺寸的了，里面不会再放置一些缩小版的模型，而是变成了实际大小的实体，比如有螺旋桨的飞机或者整台汽车。风洞里空气的流动速度也可以达到音速。

①世界上公认的第一个风洞是英国人于 1871 年建成的。美国的莱特兄弟于 1901 年建造了速度为 12 米／秒的风洞，进而发明了世界上第一架飞机。法国的莫达讷风洞，是世界上最大的风洞，试验速度可达音速的 12 倍。

6 疾驰中的火车如何加水

在现实中，另外一个非常明显的运用经典相对论的例子，可以在铁路上找到——煤水车可以在疾驰中加水。

其方法很巧妙，就是把大家都知道的机械现象"反过来"使用，即把一段下端弯曲的管子直立地放在水流中，开口端迎着水流（图4），那么水就会流进这个立管里，也就是流进所谓的"毕托管"里，并且流进的水面高度会比外面水流平面要高，所高出的高度 H 跟水流的速度有关。

铁路工程的设计师们把这个现象"反转"过来：他们把弯管子放在静止的水里移动，于是管子内的水会高出水池平面。也就是说，在这里，运动代替了静止，静止替换了运动。

真正的运用中，当火车通过某一车站时，不想停下来就能给煤水车加水，那么在这种车站的两条铁轨中间，会设计出一条长长的水槽（图4）。煤水车底下的管子直接浸入这个水槽中。图4的左上图是毕托管。把这个水管放到流动的水里，管子里的水平面会高于水槽里的水面。从煤水车的下方伸出一个弯管子，开口端面向火车行进的方向。这样，当火车疾驰而过时，水流就会顺着管子升起，流到煤水车里去（图4的右上图是疾驰的火车所装备的毕托管，用来给煤水车加水）。

图 4

利用这个方法，能把水提升到多高呢？在力学的大范畴下有个水力学，是专门研究液体运动的。水力学的定律可以告诉我们，这个水提升的高度，应该等于水流的速度把物体向上竖直抛掷所达到的高度。如果不计算摩擦、涡流等方面的影响，这个高度 H 可用下面这个公式求出

$$H = \frac{v^2}{2g}$$

其中，v 是水流速度，g 是重力加速度，等于 9.8 米／秒²。在我们所说的条件下，水与管子的相对速度等于火车的速度，假设是 36 千米／小时，那么 $v=10$ 米／秒[1]；因此可计算出，水提升的高度。

$$H=\frac{v^2}{2\times9.8}=\frac{100}{2\times9.8}\approx5（米）$$

从而可以清楚地看到，不用管摩擦等其他方面的影响有多大，水提升的高度是足够给煤水车加满水的。

7 怎样理解惯性定律

现在我们已经知道了运动的相对性，接下来应该谈谈产生运动的原因——力。首先应该强调一下力有个独立作用定律：力对物体所起的作用，跟物体是静止的，或者是惯性作用下，以及在另外力的作用下运动无关。

这是对牛顿三大定律[1]中的"第二定律"的推论。三大定律的第一定律是惯性定律；第三定律是作用和反作用相等的定律。

关于牛顿第二定律，后面还会用一整章的篇幅讨论，这里只简单说一下。第二定律表述的是，物体速度的变化，度量就是加速度，跟作用力的方向相同，并且是成正比的。这个定律可用公式表示为

$$F=ma$$

其中，F 表示作用在物体上的力；m 是物体的质量；a 是物体的加速度。其中

最难懂的应该是质量了，人们经常会把质量和重量看成是一回事，其实它们是不同的。物体的质量可以根据它在同一个力的作用下所得到的加速度来比较。从上面的公式中可以看出，物体在这个力的作用下，所得到的加速度越小，质量就会越大。

惯性定律[2]是牛顿三大定律中最容易懂的一条。因为它跟一般人的习惯看法相反，所以经常有人对它产生误解。比如说，经常有人会把惯性理解成，物体"在外来原因破坏它原有状态前保持它原有的状态"的性质。这样的看法就把惯性定律看成是原因定律了，即没有外来原因就不会有这一切（任何物体不会改变它的方向）。真正的惯性，是不属于物体的任何物理状态的，只是讲到静止和运动两种状况。它的内容为：一切物体都在保持它的静止状态或匀速直线运动状态，直到力的作用把它从这个状态改变为止。

也就是说，当物体①进入运动的时候；②把自己的直线运动改变成曲线运动或者彻底变成曲线运动时；③运动停止、变慢或者加快时——我们就能得出结论说，这个物体受到了力的作用。

但是，如果物体在运动中没有出现上述三种情况的任意一种，那么，即使是物体运动的速度再快，也没有任何力向它作用。所以，一定要明白，凡是匀速直线运动的物体，都是不受任何力的作用的（或者是作用在它上面的几个力互相平衡了）。现代力学的观念跟古代和中世纪（伽利略之前）思想家的看法区别之处就在于此。

上面的解释也说明了另外一个问题，那就是为什么把固定不动物体的摩擦也看成是力的作用，虽然摩擦并不能产生什么运动。但是摩擦却可以阻碍运动，所以摩擦也是力。

在这里，还要强调一点，一切物体并不是趋向于停留在静止状态，而是简单地停留在静止状态。这其中的区别就跟一个从不出门的人，和只是偶尔在家、一有点小事就出门的人之间的区别一样。在本质上，物体不是"足不出户"的人，相反它的活动性很强，只要向一个自由物体加上哪怕微不足道的力量，它就会运动。所以"物体趋向保持静止状态"并不恰当。另外，物体脱离了静止状态后，自己就不会再回到静止状态了，它会永远保持力的作用提供给它的运动（这里是指没有妨碍这种运动的力而说的）。

大多数关于物理和力学的课本上，欠妥地运用了"趋向于"这个词，很多关于惯性的误解，就是从这里开始产生的。要想完全正确地理解牛顿三大定律，需要克服许多困难。下面我们就来讨论牛顿的第三定律。

注　释

1 艾萨克·牛顿（1643—1727 年）爵士，英国皇家学会会长，著名的物理学家，百科全书式的"全才"。他在 1687 年发表的论文《自然哲学的数学原理》里，对万有引力和三大运动定律进行了描述，奠定了此后三个世纪里力学和天文学的基础，并成为了现代工程学的基础。

2 跟平常习惯看法相反的是，惯性定律里有一部分说，匀速直线运动的物体在运动当中不需要任何外力的作用。错误的看法是，物体既然在运动，就必然受到外力的作用，外力一旦取消，这个运动就会停止。

8　作用力和反作用力

当我们开门时，一般是用手把门拉向自己，这其中自己的肌肉收缩，手臂两端靠近，用相同的力量把门和我们自己相互拉近。此时，在我们身体和门之间就作用着两个力，一个作用在门上，一个作用在我们身体上。如果门不是向我们拉近打开，而是被推开的话，也是一样的道理，力把门和我们的身体推离开。

不仅我们肌肉力量如此，其他所有力都是这样，不管这些力的本质如何，每个力都向相反的方向作用。简单来说，它有两个头（两个力）：一头作用在我们平时说的受力物体上，另一头作用在施力的物体上。在力学里，这几句话往往说得很简单，简单到甚至让人不太容易理解的地步，即"作用等于反作用"。

牛顿第三定律的意思是，宇宙间的力都是成对的。当你认为物体有力的作用时，应该想到另外一个什么地方还有一个力，跟它相等，但是方向相反。这两个力一定是作用在两个点之间，使它们接近或者远离。

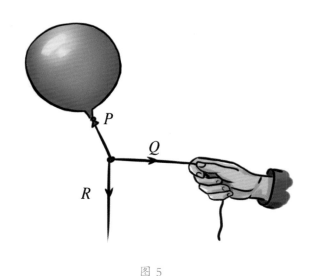

图 5

举个例子，现在让我们研究一下氢气球下方坠子上的三个力 P、Q 和 R（图 5）。P 为氢气球的牵引力，Q 为绳子的牵引力，R 为坠子的重量。乍一看，这三个力好像都是单独的，其实不然，这三个力每一个力都有它相等而方向相反的力。具体来说，与 P 相反的力作用在牵引绳上，也是通过牵引绳传递到氢气球[1]上的（图 6 的力 P_1）；与力 Q 相反的力作用在手上（图 6 的力 Q_1）；跟力 R 相反的力作用在地球上（图 6 的力 R_1），因为坠子不但受到地球的引力作用，同时也吸引着地球。

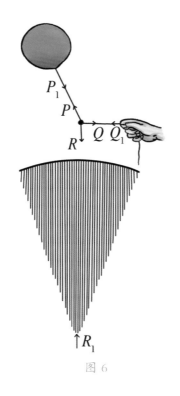

图 6

此外，还有一个很有意义的问题，那就是，如果问：绳子两端各有 10 牛顿的力在向两端拉扯时，绳子的张力是多少？问这个问题，就好比问 10 分的邮票价值是多少一样。这个问题的答案就在问题的本身里——绳子所受的张力为 10 牛顿。不管是说"绳子被两个 10 牛顿的力拉扯着"，还是"绳子承受着 10 牛顿的张力"，两者是一回事。因为除了由两个作用相反的力所组成的 10 牛顿的张力外，不可能再有其他张力。如果不清楚这点，就会犯错误，下面就是这样的例子。

注 释

①氢气球之所以会上升，是因为氢气的密度比空气低。它最多可以飞10 千米高，气象台经常利用它观测天空的气压和大气运动变化。1780 年，法国化学家布拉克把氢气灌入猪膀胱中，制得世界上第一个氢气球。

9 两匹马的作用力

【题目】两匹马，各用1 000牛顿的力朝着相反的方向拖拉一个弹簧秤，那么弹簧秤的指针读数应该是多少（图7）？

【解题】很多人会说是1 000（牛顿）+1 000（牛顿）=2 000（牛顿）。这个答案当然是错误的。两匹马各用1 000牛顿的力向相反的方向拖拉，根据我们上一节说的内容，张力不是2 000牛顿，而应该是1 000牛顿。

图7

正因为如此，当初做马德堡半球实验[1]时，两边各由8匹马向相反的方向拖拉，不能认为两个半球受到的拉力是16匹马的力量。假如没有相反方向的那8匹马，那么另一方向的8匹马对半球的拉力作用也没有任何影响。其实，把一边的8匹马换成一面足够结实的墙，结果也是同样的。

注 释

①马德堡半球实验，是当时的马德堡市长奥托·冯·格里克（1602—1686年，德国物理学家、政治家）在1654年进行的科学实验。实验中，

将两个半球内的空气抽掉，球外的大气便把两个半球紧压在一起，两边各用
8匹马一起拉动，而不容易分开。这个实验证明了大气压强是存在的，并且
十分强大。当年实验用的两个半球保存在德国慕尼黑的德意志博物馆中。

10 哪只船先靠码头

【题目】湖里有两只相同的船向码头靠近（图8）。两只船上的划手都
利用绳子把船向码头拉拢。第一只船的绳子一头系在码头的铁柱上，另一只
船的绳子一头则由码头上的水手用力向码头拉着。这三个人所用的力气一样
大，问哪一只船先靠码头？

图 8

【解题】从表面上看，这场比赛似乎应是由两个人拉扯的船会提前靠近码头，因为双倍的力量一定会产生比较快的速度。

但是，说两个人拉扯着的船上作用着双倍的力，这种说法本身是不是正确呢？

假如船上的划手和码头上的水手各自把绳子向自己拉紧，那么绳子的张力只等于他们一个人的力量。也就是说，这个张力跟另外那只一个人拉的船的情形一样。两只船都是用相同的力量向码头拉近，所以一定是同时到达码头的。①

①对于这个解说，曾有读者表示质疑，他认为，要使船靠近码头，人一定要收绳子，那么在同一时间里，两个人收的绳子一定比一个人多很多。因此，右面的那只船会先到达码头。

11 步行的人和机车之谜

在实际生活中，会有一种常见现象，就是作用力和反作用力加在同一物体的不同地方。比如，肌肉的张力或者是机车汽缸内的蒸汽压力，就有这种所谓的"内力"。这种"内力"的特点是：它能在物体各部分相互连接的限制下，改变各部分的相互位置，但是又不会使物体所有部分得到一个共同的运动。用手枪射击时，火药产生的气体作用把子弹推向前方，但同时也作用于另外一个方向，使手枪有后坐力。所以，火药气体的压力这个"内力"，使得子弹和手枪不可能同时向前运动。

那么问题来了，既然内力不能使整个物体向同一方向移动，那么怎样解释步行的人是如何行动的呢？机车又是怎样行驶的呢？只简单说，步行的人是在脚和地面摩擦作用下行走，机车是在车轮和铁轨间的摩擦作用下前进，还不能很好地解释清楚这个问题。虽然，摩擦作用在这两者中不可缺少：众所周知，在很滑的冰面上是不能走路的（有句很流行的俗语说"像牛在冰上一样"）；在很滑的铁轨上（例如结冰的铁轨上），机车很容易"打滑"，轮子干转动，不走路，机车停在原地不动。可是，我们在前面的内容中说了，摩擦只会阻滞已有的运动，此刻又是怎样帮助步行的人或机车行动起来的呢？

这个问题其实很简单。两个内力同时作用，不能使物体运动起来，因为这两个力只是让物体的各个部分离开或靠拢。但是，如果有另外一个力加入，这加入的第三个力平衡了或者减弱了两个内力的其中一个。此时，就没有什么妨碍另外一个内力推动物体运动了。物体的摩擦力恰好就是这第三个力，它减弱了其中一个内力的作用，使得另外一个内力能够推动物体前进。

假设你站在一个很滑的表面，如冰面上，想走动的话，你会用力把右脚向前移动。在你的身体的各部分就会有内力按照作用力和反作用力定律来作用。这种内力很多，但归根到底的作用跟两只脚受到两个力的作用一样。一个力 F_1 推动右脚向前，另一个力 F_2，跟第一个力大小相等，方向相反，使得左脚向后。这样形成的结果是让你的左右脚分开，一只在前，一只在后，至于说你的身体，或者更确切地说你身体的重心，仍然保持在原地。假如左脚踩在一个粗糙的表面上（例如在冰面上撒一些沙子，左脚正好踩在上面），那情形就跟现在不一样了。此时在左脚的力 F_2 被作用在左脚靴底的摩擦力 F_3 所平衡（完全平衡或局部抵消），那作用在右脚的力 F_1 就推动右脚向前，全身也就跟着向前移动（图 9）。事实上，我们在走路时，会抬起一只脚向前伸，脚被抬起来了，也就没有了它与地面的摩擦，而另一只脚与地面的摩擦力也阻止了它向后滑动。

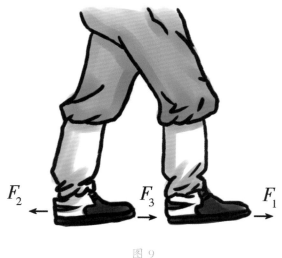

$$F_2 \qquad F_3 \qquad F_1$$

图 9

针对机车来说，这个问题就相对复杂些，但是也可以归纳成这样，作用在机车主动轮上的摩擦力，要跟内力中的一个相平衡，这样另一个内力就会推动机车前进。

12 怪铅笔现象

我们可以先做个试验，拿出一支铅笔，放在两只手的食指上，两个食指此时要水平伸直。然后两指开始相互靠近，并且让铅笔保持水平状态（图10）。你将会发现，铅笔先是在一只手上移动，然后又会在另一只手上移动，而且会轮换下去。如果把铅笔换成长木棒，就会发现这种现象会重复很多次。

图 10

如何解释这种奇怪的现象呢？

这里有两个定律可以解释这一现象，一个是阿蒙顿－库仑摩擦定律，另一个是摩擦力在滑动过程中要比静止时小的定律。阿蒙顿－库仑定律认为，摩擦力 T 在滑动开始时，等于某一个表示相互摩擦物体特征的数值 f 乘以物体加在支点上的压力 N，写成公式为

$$T=f \cdot N$$

下面我们就用这两个定律解答一下铅笔的奇怪行动。铅笔压在两只手指上的力一定是不相等的，压在一只手指上的力会比压在另外一只手指上的力大一些，因此压力大的一面，它的摩擦力也就大些。

这一点可以从阿蒙顿－库仑定律公式看到。也正是由于这个摩擦力，阻碍了铅笔在压力大的一面滑动。等到两只手指慢慢靠拢后，铅笔的重心跟滑动的支点不断接近，滑动支点上的压力不断增强，增加到与另外一个支点的压力相等。但是，滑动时候的摩擦力会比静止时的小些，所以手指还要滑动一段时间，直到滑动支点上的压力增加到很多，逐渐增长的摩擦力让它停止下来，这个支点才会停止滑动，此时另一只手指就变成了滑动支点。这种现象会轮换重复下去，两只手指轮流做滑动支点。

① 1699 年，法国科学家阿蒙顿（1663—1705 年）进行了摩擦试验，提出了阿蒙顿定律并建立了摩擦的基本公式。到了 1780 年，法国的库仑（1736—1806 年）在同样的试验基础上，提出了他的摩擦理论——库仑摩擦定律。今天的阿蒙顿 – 库仑摩擦定律，一般称为"古典摩擦定律"。

13 "克服惯性"是怎么回事儿

人们经常还会对一个问题产生误会，让我们来研究一下它。我们日常看到或者听到这样的话——为了使静止的物体开始运动，首先要"克服"这个物体的"惯性"。而我们又知道，一个自由物体对于要使它运动起来的力的作用是无条件接受的，那么这个"克服"究竟说的是什么呢？

所谓"克服惯性"，它所表达的意思就是，要使一个物体得到一定速度的运动，是需要一定时间的。否则不管这个物体的质量有多么小，任何力量，即使是最大的力，也不可能立刻使物体得到需要的速度。

这点可以用个简单的公式表述，$Ft=mv$，这个公式我们下一章会讲到。

有人可能已经在物理课本上知道了，当 $t=0$（也即时间等于零）时，质量和速度的乘积 mv 也等于零，因为质量永远不会等于零，所以速度一定等于零。换句话说，假如不给力 F 表现它作用的时间，这个力就不会对物体产生任何速度或运动。假如物体的质量很大，那就需要很长的时间，力量才能够使物体产生运动。

这个错觉，让我们感觉物体并不是马上运动，好像是在抗拒力的作用一样，以为力量在使物体运动之前，应该是要"克服它的惯性"的。

14 火车的运动

一位读者问了这样一个问题，相信许多人看了上一节内容之后，也不免会产生这样的疑问："为什么起动一辆火车，要比维持一辆正在匀速前进火车的运动更困难？"

不但更困难，甚至可以这样说，如果加上的力量不够大，根本都不能起动火车。为了维持一辆空皮火车在水平轨道上匀速前进，在润滑等状况良好的情况下，只需要 15 牛顿的力就可以了。但是，同一辆火车，如果它停在那里静止不动，就需要花费至少 60 牛顿的力才能让它运动起来。

这是为什么呢？其原因在于，在最初的几秒钟内，要加上额外的力量，使火车得到需要的速度来前行（其实这个力量并不算很大）；更关键的是，火车在静止时的润滑条件，与运动中所需的是不一样的。当车辆开始运动时，润滑油还没有均匀地分布在整个轴承上，因此让车辆移动就困难得多，当车轮转了第一转后，润滑情况马上得到改善，维持以后的运动就会非常容易了。

1 常用的力学公式

在本书中，会经常用到力学公式，虽然有人学过力学，但是也不能保证是否还记得某些公式，于是我们就把这些公式列出了一张表（表1），用来帮助大家重新记忆。这个表格是按照乘法表的样子编成，两栏相交叉处的一格里，是两栏头上标出的两个量相乘的积（至于这些公式的论证，读者可以在力学课本里找到）。

表 1   常用力学公式表

	速度 v	时间 t	质量 m	加速度 a	力 F
距离 S	—	—	—	$\dfrac{v^2}{2}$（匀加速运动）	功 $A=\dfrac{mv^2}{2}$
速度 v	$2aS$（匀加速运动）	距离 S（匀速运动）	冲量 Ft	—	功率 $W=\dfrac{A}{t}$
时间 t	距离 S（匀速运动）	—	—	速度 v（匀加速运动）	动量 mv
质量 m	冲量 Ft	—	—	力 F	—

表格里的"—"表示两者乘积，没有任何意义。

举几个例子说一下这个表格的用法。

匀速运动时，速度 v 乘以时间 t，会得出距离 S（公式为 $S=vt$）。

保持不变的力 F 乘以距离 S，会得到功 A，同时这个功 A 也等于质量 m 和末速度 v 的平方的乘积的一半，公式为

$$A=FS=\frac{mv^2}{2}\text{①}$$

我们用乘法表时也会得到除法的结果，同样地，在上述这个表格中，也有这样的效果，比如下面这些关系。

（1）匀加速运动中，速度v除以时间t，会得到加速度a（公式为$a=\dfrac{v}{t}$）。

（2）力F除以质量m，等于加速度a；要是力F除以加速度a，那就等于质量m，公式

$$a=\frac{F}{m}, \quad m=\frac{F}{a}$$

假如在计算力学问题时，需要计算加速度，那么就可以利用上述表格列出包含加速度的所有公式，你会先得到下面这样的公式

$$aS=\frac{v^2}{2}, \quad v=at, \quad F=ma$$

从这些公式中，还会演变出其他公式

$$t^2=\frac{2S}{a}, \quad S=\frac{at^2}{2}$$

然后就可以从这些公式中，找到符合题目要求的公式了。

假如想找到计算力的所有公式，那么从上述表格可以得出下列情况

$$FS=A（功）$$

$$Fv=W（功率）$$

$$Ft=mv（动量）$$

$$F=ma$$

这里还有一个不容忽视的问题，即重量P也是一种力。因此在看到$F=ma$的同时，也可以列出$P=mg$，其中g为重力加速度。同理，在列出$FS=A$时，也要知道$Ph=A$，这是表示把重量为P的物体提升到h的高度时所做的功。

1.公式 $A=FS$ 只有在力的作用方向和距离的方向相同时才适用。一般情况，用到的是比较复杂的公式 $A=FS\cos\alpha$，这里的 α 表示力的方向和距离的方向之间的夹角。公式 $A=\dfrac{mv^2}{2}$ 也只有在物体的初速度为 0 时才适用；如果初速度等于 v_0，末速度等于 v，那么造成这种速度变化所用的功，就要用公式 $A=\dfrac{mv^2}{2}-\dfrac{mv_0^2}{2}$ 表示。

2 步枪的后坐力

研究步枪的后坐力问题，是应用上一节内容里所提到的列表的很好例子。枪膛里的火药用其膨胀的压力，推动子弹飞出，同时又推动步枪向相反的方向移动，即形成众所周知的"后坐"现象。那么在后坐力的作用下，步枪向后运动的速度有多快呢？

根据我们上一章说到的作用和反作用定律，火药气体加在步枪上的压力（图11）应该等于这个气体加在子弹上的压力，两者作用的时间相同。

从上一节的表1里得出，力 F 和时间 t 的乘积等于动量 mv，即等于质量 m 和它的速度 v 的乘积：$Ft=mv$。

这是物体由静止状态到开始运动时动量定律的数学式。此定律的一般形式是：一定时间内，物体动量的改变，等于在这同一时间里加在这个物体上的力的冲量：$mv-mv_0=Ft$。其中，v_0 是初速度，F 是保持不变的力。

火药气体的压力

图 11

对于 Ft 的值，子弹和枪应该是相同的，那么它们的动量也定是一样的。假如子弹的质量用 m 表示，速度用 v 表示；枪的质量用 M 表示，速度用 V 表示。它们之间的关系就应该是

$$mv=MV$$

从而 $\dfrac{V}{v}=\dfrac{m}{M}$。

现在，按照此公式，把数值代入进去。军用步枪子弹的质量为 9.6 克，射击速度为 880 米 / 秒；步枪的质量是 4 500 克。由此可以得出 $\dfrac{V}{880}=\dfrac{9.6}{4\,500}$，步枪的速度 V=1.9 米 / 秒。很容易计算出，步枪后坐力大约是子弹的 $\dfrac{1}{470}$，也就是说，步枪后坐时的破坏能力是子弹的 $\dfrac{1}{470}$。所以这里需要强调一点，尽管两个物体的动量是相等的，但是对于不会射击的人来说，这样的后坐力还是会产生强烈冲撞的，甚至有人会因此受伤。

质量为 2 000 千克的速射野战炮，可以把 6 千克的炮弹以 600 米 / 秒的速度射出，但是它的后坐力跟步枪的一样，都是 1.9 米 / 秒。由于这个大炮的质量巨大，运动的能量大约要比步枪大 450 倍，几乎等于步枪子弹射出时的能量。旧式大炮在发射时，整个大炮都会向后退动。现代的大炮却只有炮筒向后滑退，因为在炮尾末端有个驻锄用来固定炮架，使其固定不动。海军的大炮发射时由于有个特殊的装置，在向后退动之后会自动回到原来的位置。

通过以上所列举的例子，相信大家会发现，动量相等的物体所有的动能却不一定相等。这一点从 $mv=MV$ 一式中就能看出，它不可能得出

$$\frac{mv^2}{2} = \frac{MV^2}{2}$$

只有 $v=V$ 时，第二个等式才能成立（可以把第二个式子用第一个式子除就能得到证实）。有很多力学基础不好的人，很多时候会认为动量相等（也即冲量相等）就表明动能相等。

现实中曾经发生过这样的事情：一些发明家错误地以为等量的功会有相等的冲量，基于此，就想发明不需要任何能量就能工作（取得功）的机器。结果只证明了一点，一个发明家是多么需要深入了解理论力学的基础啊！

注　释

①枪支的后坐力有多大？曾有媒体报道，国外一军事爱好者做了一个有趣的试验，用打枪的方式来推动一艘皮划艇。实验人坐在皮划艇上，分别使用手枪、大口径狙击枪和自动步枪朝皮划艇前进的反方向射击，来推动船只前行。意外的是，枪支不仅能将小小的皮划艇推动，在使用大威力的枪支时还能前行较远的距离，并能通过朝不同方向开火来控制前行的方向。

3 日常经验和科学知识

研究力学时，我们会发现一个惊奇的现象，许多简单的事情，科学和现实生活中的感觉有很大的差别。有一个显著的例子就是，如果一个物体上，恒定地作用着同一个力，这个物体会如何运动呢？按照"常识"来讲，我们认为这个物体在同一个力的作用下，用相同的速度运动，即做匀速运动。反过来，如果一个物体在做匀速运动，那么它一定是作用着相同的力。大车、机车等的运动仿佛就是这样的。

然而，从力学上来说，跟上面的解释却是完全不同的。从力学上说，一个固定的力所产生的不是匀速运动，而是加速运动，因为这个力在原来已经积累起来的速度上继续增加着新的速度。而匀速运动的物体，只能在平衡力的作用下，不然它就不会做匀速运动了（参考第一章的内容）。

难道日常观察到的现象竟然有这么大的错误吗？

不是的，这些观察不完全是错误的，它们在有限的条件范围内还是合理的。因为日常生活中，物体都会受到摩擦和介质阻力的影响，而力学定律所说的，却是物体自由运动时的状态。要想在有摩擦阻力的情况下，保持物体速度不变，就需要向物体加上一个保持不变的力，这个力不是用来使物体运动，而是为了克服物体运动所受到的阻力。也就是说，是为了给物体做自由运动创造条件的（图12）。因此，假如一个物体在有摩擦等阻力下做匀速运动，那一定是在受持续不变的力的作用下进行，这一点是毋庸置疑的。

图 12

  我们明白了日常生活中"力学"的错觉之处：它的结论是在一个不完全的条件下得出的。而科学的论断却有它特定的条件基础。科学的力学定律不仅能从大车或机车的运动得出，也可以从行星和彗星的运动得出。要想得到正确的判断，就要扩大视野，把偶然和事实分别开来。只有这样才能获得现象的本质，并有效地运用到实践中。

  接下来我们会研究一些现象，你能清楚地看到一个自由运动的物体，它所受到的推动力的大小，跟物体所得到的加速度之间的关系，这也是第一章我们讲到的牛顿第二定律确定的关系。遗憾的是，在学校中我们往往对这个重要的关系没有得到很好的体会。下面说的例子尽管是一种幻想的情形，但是却能更好地表现现象的本质。

4 大炮在月球上的速度

【题目】在地球上，大炮可以把炮弹以 900 米 / 秒的速度射出。如果我们把大炮放在月球上，而一切物体在月球上的重量只等于地球上的 $\frac{1}{6}$。问在月球上大炮能用多少速度把炮弹射出？（不考虑月球上没有空气而产生区别的问题）

【解题】许多人在解决这个问题时，经常会这样回答：既然火药的爆炸力在月球上和地球上相同，而火药在月球上的重量只等于在地球上的 $\frac{1}{6}$，即相同的爆炸力作用在只有地球 $\frac{1}{6}$ 重量的炮弹上，那么炮弹的速度一定会比地球上的大，应该是地球上的 6 倍：900×6=5 400（米 / 秒）。换句话说，在月球上的炮弹会以 5.4 千米 / 秒的速度射出。

这样的解释看似很正确，但实际上却是错误的。

因为在力、加速度和重量之间，根本没有解题中所认为的那种关系。在牛顿第二定律中，跟力和加速度有关的，不是重量，而是质量：$F=ma$。在月球上，炮弹的质量根本没变，与在地球上时是一样的，因此火药的爆炸力所产生的加速度也应该跟地球上的一样。既然加速度和距离相同，那么速度自然也相同了（关于这一点，也可以从式子 $v=\sqrt{2aS}$ 中得出，其中 S 表示炮弹在炮膛里的活动距离）。

综上所述，我们可以得出，大炮在月球上射出炮弹的初速度与在地球上是一样的。至于炮弹在月球上能够射多远，或者多高，那就是另外一个问题了，在这个新的问题中，月球上的重力起到了重大的作用。

举例来说，在月球上，用 900 米 / 秒的速度竖直向上射出的炮弹，可以达到的高度可以用公式 $aS=\dfrac{v^2}{2}$ 求得，这个公式可以在本章的表 1 中找到。由于在月球上的重力要比地球上的小，是地球上的 $\dfrac{1}{6}$，即 $a=\dfrac{g}{6}$，于是上面的式子可以写成 $\dfrac{gS}{6}=\dfrac{v^2}{2}$，那么炮弹上升的距离为 $S=6\times\dfrac{v^2}{2g}$。如果在地球上，在不考虑大气的条件下，$S=\dfrac{v^2}{2g}$。可以得出，无论是在月球上还是地球上，虽然炮弹的初速度是一样的，但是在月球上炮弹射出的高度应该是地球上的 6 倍（不考虑空气的阻力问题）。

5 子弹在海底的射出速度

【题目】菲律宾群岛的棉兰老岛附近，海洋深度大约有 11 000 米，是海洋里最深的地方之一[1]。

假设在这么深的海底，有一支气枪，已经上好了子弹，枪膛里也有了压缩的空气。

那么，扣动气枪的扳机，子弹是否会射出？假定气枪子弹的射出速度与七星手枪（能装七发子弹的手枪）的一样，也是 270 米 / 秒。

【解题】在海底，子弹在射出的瞬间，会受到两个相反的压力作用，分别是水的压力和压缩空气的压力。如果水的压力比空气压力大，子弹就射不出去；相反，水的压力小于空气的压力，子弹就能射出去。因此要先计算出这两个压力。作用在子弹上的水的压力，可以这样算出：每 10 米水柱的压力相当于一个大气压，即每平方厘米 10 牛顿的压力。那么 11 000 米水柱产生的压力为每平方厘米 11 000 牛顿。

假设这支气枪的口径（枪膛的直径）与七星手枪一样，都是 0.7 厘米，那么它的截面积是 $\dfrac{1}{4}\times3.14\times0.7^2=0.38$（平方厘米），在这个面积上受到水的压力等于 11 000×0.38=4 180（牛顿）。

接下来就要计算压缩空气的压力了。前提是，要假设子弹在枪膛里的运动是匀加速运动，求出在一般情况下，子弹在枪膛里的平均加速度。实际中这个速度当然不会是匀加速的，这里的假设只不过是为了更容易理解和简化演算。

从本章的表1里，可以找到公式 $v^2=2aS$，v 表示子弹在枪口的速度；a 表示所求的加速度；S 是子弹在压缩空气的作用下所运动的距离，即枪膛的长度，假设为 22 厘米。把 v=270 米/秒和 S=22 厘米 =0.22 米代入式子中，270^2=2a×0.22，得出 a≈165 000 米/秒^2。我们不用惊奇这个加速度数值的巨大，因为一般情况下，子弹是在非常少的时间内跑完枪膛全程的。

现在知道了子弹的加速度，假设它的质量是 7 克，那么就能求出产生这个加速度的力了：$F=ma$=7×10^{-3}×165 000=1 155（牛顿）。

综上所述，子弹在发射的瞬间，受到了 1 155 牛顿力的推动，同时也受到了 4 180 牛顿的水的压力阻挡。因此，子弹是射不出来的，而且还会被水的压力向更深处的枪膛推动。要想突破这么大的水压力，一般气枪是达不到的，但是可以通过现代科技，创造出更大威力的气枪，这种可能性还是很大的。

注　释

①世界上海洋最深的海沟是马里亚纳海沟，深度为 11 034 米，位于菲律宾东北、马里亚纳群岛附近的太平洋底，是地球的最深点，如果把世界最高的珠穆朗玛峰放在沟底，峰顶将不能露出水面。1960 年美国"的里亚斯特"号探海艇，创造了潜入海沟 10 911 米的纪录。这是人类有史以来曾经抵达的海底最深之处。

移动地球所需的力量

曾经流传过这样一种说法：一个小的力量是不能移动质量极大的自由物体的。这种看法被很多没有充分研究力学的人认可。而这种认知当然是错误的。力学已经向我们证明了：只要这个物体是自由物体，那么一切力量，即使是最微小的力量，也可以使物体，即便是非常重的物体，产生运动。事实上，包含这个意思的公式，我们已经不止一次地用过，那就是 $F=ma$，通过这个公式可以得出

$$a=\frac{F}{m}$$

通过这个式子，我们知道，加速度只有在力 F 等于零时才等于 0。因此，一切力量都能使任何自由物体产生运动。

然而，在现实中，人们是看不到这种现象的。原因就在于现实中存在着摩擦，这种力形成了对物体运动的阻力。换句话说，现实中，没有自由物体，我们看到的物体运动，几乎都是不自由的。要想在摩擦的情况下使物体运动，就要加上比摩擦力更大的力量。比如，想把一个橡木柜子在干燥的橡木地板上推动，至少需要花费比柜子重 $\frac{1}{3}$ 的力量，这是因为橡木与橡木之间的摩擦力（干燥的）大约相当于物体重量的 34%。但是如果没有摩擦力的话，只需要一个小孩子用手指轻轻一推，柜子就会被推动了。

大自然中，不受摩擦和介质阻力作用而运动的问题，即完全自由运动的物体，几乎是没有的。如果说有的话，要把视野再扩大些，只能说一些天体，如太阳、月球、行星，甚至包括地球是在自由运动的物体。那是不是说，如果用一个人的力量，就能推动地球运动了呢？理论上当然是可以的，你自己运动，同时也能带动地球运动。

举例来说，当人从地面上高高跳起时，我们使自己的身体得到了速度，同时也使地球向相反的方向运动。但是这里有一个问题：地球的这个运动，它的速度是多少呢？根据作用和反作用定律，我们作用在地球上的力量，应该等于我们让自己身体向上跃起的力量。这两个力的冲量相等，所以身体和地球所受到的动量大小也就相等。假如用 M 代表地球的质量，V 代表地球得到的速度，m 表示人体的质量，v 表示人体的速度，那么就可以用这个式子表示：$MV=mv$ 表示，从而 $V=\dfrac{m}{M}v$。因为地球的质量比人体的质量大很多，人给地球的速度一定比人跳起的速度小很多。这种大很多，小很多，并不是简单字面上的意思，其实，地球的质量也是可以测量出的①，因此也就能求出地球在某一情况下的速度。

地球质量大约是 $6×10^{24}$ 千克，人的质量假设为 60 千克，那么 $\dfrac{m}{M}$ 的比值是 $\dfrac{1}{10^{23}}$。也就是说，地球的速度等于人跳起速度的 $\dfrac{1}{10^{23}}$。假设此人跳起的高度 h=1 米，求出人的初速度是 $v=\sqrt{2gh}=\sqrt{2×9.8×1}≈4.4$（米 / 秒），那么地球的速度就是 $v=\dfrac{1}{10^{23}}v=\dfrac{4.4}{10^{23}}$（米 / 秒）。得出的这个数目非常小，但不管怎么小得不起眼，它依然不是 0。如果想更直观地看待这个量的大小，我们可以假设地球得到这个速度后，一直保持这个速度运动极长一段时间，比如十万万年（根据资料推算表明，地球的寿命至少不比这个寿命短）。在此期间，地球会移动多少距离呢？这个问题可以用下列式子算出：$S=vt$。其中取 $t=10^9×365×24×60×60≈31×10^{15}$（秒），算出 $S=\dfrac{4.4}{10^{23}}×31×10^{15}=\dfrac{14}{10^5}$（米）。在十万万年中，地球移动的距离如此之小，用肉眼是分辨不出来的。

实际上，地球并没有保存因人体跃起所加的速度。人的脚离开地球的瞬间，他的运动就在地球的引力作用下开始降低了。假设地球用 600 牛顿的引力吸引人体，那么人体也会用同样的力量吸引地球，因此随着人体速度的降低，地球所得到的速度也会随之降低。这两个速度同时变到 0。

所以，人能够在很短时间内给地球一个速度，尽管这个速度会非常渺小，但是依然不能引起地球的移动。一个人可以用自己的力量移动地球，但这里有个条件，必须找到一个跟地球没有关联的支点[2]，如图 13 所示，不管艺术家如何幻想这样的画面，他终究不能说明，那人的两脚究竟站在什么地方。

图 13

注 释

①关于这一点，参看本书作者的另一本书《趣味天文学》中"怎样称量地球"一节。

②"给我一个支点，我可以撬起地球。"这是阿基米德的一句名言，体现了杠杆原理，就是如果站在地球外面，有一根足够长并且坚硬的杆，并且有一个支点，就可以撬动地球。阿基米德（前 287—前 212 年），伟大的古希腊哲学家、百科式科学家、数学家、物理学家、力学家，享有"力学之父"的美称。

7 错误的发明道路

发明家如果想在技术上有什么突破，他就不能仅靠徒劳的空想，而是要接受严密的力学定律指导。不能片面地认为，发明的思想只要不违背共同的规则——能量守恒定律就可以了。实际上，还有另外一个原理，也不容忽视，否则也会让自己走入死胡同，徒劳无功，这个原理就是重心运动定律。

这个定律表明，物体（或物体系统）重心的运动，不会在内力的作用下改变。假如，一颗炮弹射出，它在空中爆炸了，那么炸开的碎片在到达地面之前，它们的重心仍然会沿着炮弹重心所移动的线路移动（前提是不计算空气阻力）。有个特别情形还需注意，就是说，如果一个物体的重心最初是静止状态的（也就是说物体是静止不动的），那么任何内力都不可能让它的重心移动。

上一节内容中，讲述了一个人不可能用自己的推力让地球运动的问题，其实也可以用这个重心运动定律来解释说明。

人作用在地球上的力，与地球作用在人身上的力，都是内力，因此不能引起地球或者人体共同重心的移动。当人体回到地球表面原来的位置时，地球也会回到它原来的位置。

下面这个例子很有意思。这个例子会向你证明，如果忽略前面所说的那个定律，就会使发明走入什么样的"歧路"。发明家设计了一种完全新型的飞行器，"请设想，"发明家说，"如果有一支闭合的管子（图14），它由两部分组成，一部分是水平直线的 AB，一部分是弧形的 ACB。管子里装有一种液体，不停地向同一个方向流动（可以在管子里装螺旋桨推动）。那么，液体在管子的弧形部分 ACB 流动时，会产生离心力，压向管子的外壁，即力 P（图15），这个力的方向是向上的，而它不会受到其他相反方向的力作用，因为液体在直线管子 *AB* 内流动，是不会产生离心力的。"于是发明家得出结论，如果在水流速度足够大的情况下，力 *P* 就会把这个装置牵引向上腾起。

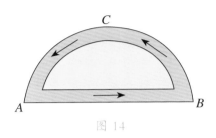

图 14

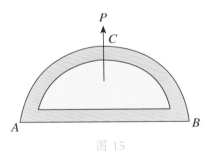

图 15

发明家的这种异想天开的方法对吗？我们不用去细心研究这个装置，就可以判断出它肯定是不会动的。因为这个作用力是内力，所以，整个装置系统（即管子连同里边的液体及让液体流动的装置）的重心都不会移动，机器当然也不会动。发明家的推理产生了重大的疏漏。

这种疏漏在于，他没有注意到，离心力不但发生在弧线 *ACB* 部分，也发生在水流转弯的 *AB* 两点（图 16）。这两点的曲线路径虽然不长，但弯度却很陡急（曲率半径很小）。我们知道，转弯越急（曲率半径越小），离心效应越大。因此在转弯的地方应该还有两个力 *Q* 和 *R*，这两个力是向外作用的，并且是合力向下的，这样就把力 *P* 给平衡掉了。发明家恰恰疏漏了这两个力，才造成他的推理错误。其实，即使发明家没有注意到这两个力，只要他知道重心运动定律的话，也会明白自己的设计不会成功。

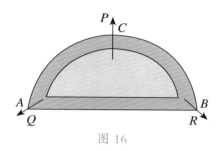

图 16

8 飞行火箭的重心在哪里

也许有人会认为，最新技术——喷气飞机——破坏了重心运动定律。科学家想让火箭飞到月球——只在内力的作用下飞到月球，这种情况下，怎么解释重心运动定律呢？火箭飞上月球，很明显的，它的重心也一起飞到了月球上，而它的重心不久之前还在地球上。还有比这更明显的对重心运动定律的破坏吗？

难道没有什么可以驳倒上面的论断吗？当然是有的。因为上面的论证是在产生误会的基础上得出的。假如火箭喷出的气体不碰触地面，它就根本不会把自己的重心和自己带到月球上。飞到月球上的，只是火箭的一部分，其余的——燃烧的产物——却向相反的方向运动，整个系统的惯性中心①仍然停留在火箭飞起前的老地方。

现在，我们要重申一个事实，即喷出的气体并不是毫无阻碍地运动，而是冲击到了地球上。如此一来，整个地球就包含在了火箭系统里。那接下来就应该谈到在地球－火箭这个巨大系统里的惯性中心是否还留在原来的地方。因为气流对地球（或者地球上的大气）的冲击，所以地球会有移动，尽管这种移动很微小，但整个系统的惯性中心也会跟火箭运动相反的方向移动了一些。又因为，地球的质量是火箭的质量的很多倍，地球受到的微小移动，已经足够把地球－火箭系统重心，因火箭向月球飞行所产生的移动相抵消了。地球的移动比火箭向月球移动的距离小很多。地球质量是火箭质量的多少倍，地球移动距离就是火箭到月球距离的多少分之一。

这里我们可以看到，即使在如此特别的情况下，重心运动定律依然没有失去它的意义。

注　释

① 由几个物体或者许多粒子组成的系统，力学上一般不说它的重心，而说系统的惯性中心。如果整个系统跟地球相比很小，可以认为惯性中心与重心相合。

1 悬锤和摆证明了什么

悬锤和摆，虽然是科学仪器上最简单的两种（至少思想上是这样），但是令人惊奇的是，利用这两个简单的仪器，竟然可以得到超乎想象的结果：在这两个工具的帮助下，人们可以窥探地球的核心，了解深入地下几十千米的情况。即使我们通过世界上最深的钻井，也不过是了解地下几千米，但利用了悬锤和摆这种科学探测工具，在地面上就能知道更深的地下信息。

悬锤的用途，在力学上并不难理解。假如地球的质量是均匀的，那么悬锤在任何一个地方的方向都可以计算出来。然而，地球表面或者地底下的质量分布并不均匀，如分布在地层里的空隙 A 和密层 B，这就在理论上改变了悬锤的方向（图 17）。

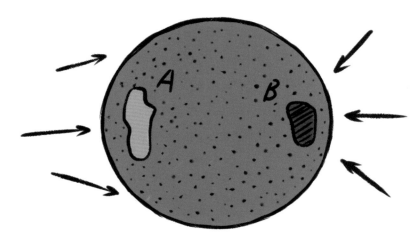

图 17

举例来说，在高山附近，悬锤会向山的一面倾斜，虽然这种倾斜的幅度并不会很大。一般而言，高山的距离越近，质量越大，悬锤的偏斜幅度也越厉害（图18）。相反，地层内的空隙仿佛对悬锤有排斥的作用：悬锤会被周围的质量吸引到相反的方向（此时，排斥力的大小，等于空隙被填满时的填充物的质量所产生的引力）。不仅空隙会排斥悬锤，而且蕴藏物质的密度比基本地层的密度小，悬锤也会受到排斥，只不过是排斥力比较小罢了。如此一来，利用悬锤就可以帮助我们判断地球内部的构造。

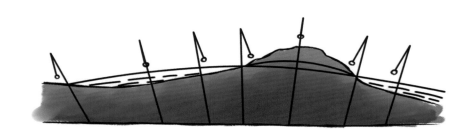

图 18

从某种意义上来讲，摆的功用更大。它有如下性能：如果摆动的幅度在一定范围内，可以理解为摆动的幅度不超过几度，它每一次摆动的时间（周期）跟摆幅的大小无关。无论摆动幅度大或者小，摆的周期都是相同的。因为摆的周期跟下面的一些因素有关，那就是摆的长度和当时在地球位置上的重力加速度。当在小摆动时，一次的全摆动（摆过来摆过去）所花费的时间，即周期 T，跟摆长 L 和重力加速度 g 之间的关系可用下面公式表示

$$T = 2\pi\sqrt{\frac{L}{g}}$$

假如在计算时，摆长 L 的计量单位是米，重力加速度 g 以米/秒^{2}为单位，那么得到的周期单位就是秒。

在研究地层构造时，假如使用"秒摆"，即每秒摆动一次（向一个方向

摆动一次，一来一去算两次）的摆，就会有下面这个关系：$\pi\sqrt{\dfrac{L}{g}}=1$，所以
$L=\dfrac{g}{\pi^2}$。

从这里可以看出，重力的任何变动都会影响到摆的长度，因为只有摆长增加或缩短，才能准确地做到一秒钟摆动一次。即使是重力发生了原来的几万分之一的变化，也可以用这种方法探测到。

这里不会描述如何使用悬锤和摆来做研究的技术（这个技术比我们所能想象到的要复杂得多），只介绍两个很有趣的结果。

假设，在海岸边放个悬锤和摆来做实验，如图 19 右上是可变引力计，左上是仪器构造的示意图。乍一看，悬锤应该偏向大陆，就跟它偏向高山的情况一样。但实际上，并没有出现这个情况。摆证明了，海洋和海岛的重力作用，要比海岸边的大，而海岸边又比纵深处的陆地大。这说明，大陆地下的地层物质比海洋底下的要轻。地质学家们就是通过这种方法，来推测地球外壳的岩石的。

图 19

这种研究方法，在查明所谓"地磁异常区[1]"的原因时，起到了决定性的作用。

物理学有许多在跨学科的实际研究应用中起到很重要作用的例子，这里只不过是这些例子中的两个罢了。

目前，科学上有了更精确计算重力异常的新方法。地球并不是一个正规的球形，在构造上也不均匀，这些都影响着人造卫星的运动。从理论上讲，人造地球卫星在山脉上方，或者是密度比较大的地方上空飞行时，它应该受到这些质量比较大的吸引而略有下降，运动速度则会相应增加。当然，这种效应只能是卫星在地面以上一定高度的空中飞行时才能记录得到。

注　释

①地磁异常，是由于地磁场的内源受地壳结构的不对称、某些岩石或矿物磁性的影响而产生。最著名的百慕大三角区，据说从 1945 年以来，在这片海域已有数以百计的飞机和船只神秘失踪。在各种解释中比较有代表性的就包括磁场说。在我国四川乐山有一个叫黑竹沟的地方，指南针失灵、人畜神秘失踪，被称为"中国百慕大"。专家学者发现，这里有一条长达 60 千米的地磁异常带。

2 钟摆在水中摆动的速度

【题目】假设挂钟的钟摆在水里摆动，摆锤为"流线型"，可以使水对它的阻力几乎为零。那么，钟摆的摆动周期比在水外时是长些还是短些呢？也可以这样理解，钟摆在水里比在空气里摆得快些还是慢些？

【解题】既然钟摆受介质阻力的影响很小，好像没有什么能够改变它摆动的速度，但实验却告诉我们，这种情况下，钟摆的摆动比起受介质阻力影响的时候还要慢。

看上去有些谜一般的现象，竟然是如此解释的：水对浸在水里的物体有排挤作用，它仿佛减少了摆的重量，却没有改变摆的质量。因此，摆在水里的情况，可以理解为与我们把摆放到一个重力加速度比较小的外行星上一样。从前面讲过的公式 $T=2\pi\sqrt{\dfrac{L}{g}}$ 中得知，重力加速度减低的时候，摆的周期 T 会增长，即摆的速度要慢一些。

3 斜面上的滑动速度

【题目】在斜面上放一个容器，里面装有水（图20）。当容器不动时，水面 AB 是水平的。假设容器在润滑非常好（不考虑摩擦）的斜面 CD 下滑，那么，容器里的水面在滑动时是否保持水平？

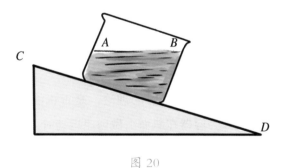

图 20

【解题】通过实验得知，如果斜面没有摩擦，容器沿斜面运动时，水面是跟斜面平行的。

每个水的质点的重量 P（图21）可以分解成两个分力 Q 和 R。R 使容器沿 CD 运动，此时水的质点对容器壁的压力和静止时是一样的（因为容器和水的运动速度相同）。力 Q 则使水的质点压向容器底。各个力 Q 对水的作用，与重力对一切静止液体的质点作用相同，因此水面跟力 Q 垂直，跟斜面平行。

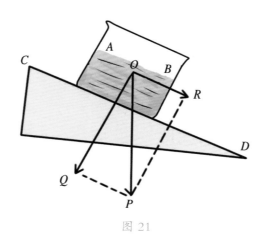

图 21

如果有摩擦作用，容器在斜面上用匀速滑下去，此时水面又是什么变化呢？

此时，水面在容器里已不是倾斜的了，而是水平的。这从下面的理论就能看出：匀速运动不可能在机械现象方面产生跟静止状态不同的变化（经典相对论）。

那么，用我们解释第一种假设时的理论，是否也能解释得通呢？答案是，当然能解释得通。因为容器在斜面上做匀速运动时，容器壁的质点没有什么加速度，容器里水的质点，在力 R 的作用下，压向容器的前壁。水的每一个质点都是在力 Q 和 R 的作用之下，两个力的合力就是质点的重量 P，而 P 沿竖直方向作用。这就是此种情况下，水面是水平的道理。只有在刚开始运动，容器还没有达到不变速度之前，还在加速运动时，水面会有短时间的倾斜。

4 什么时候"水平"线不水平

假设上一节内容中，在没有摩擦的下滑容器内，装的不是水，而是人，并且手里还拿着一个木匠用的水平器，他会看到很惊奇的现象。他的身体和在静止时一样，也是贴向容器底，只不过现在是倾斜的；跟容器在静止状态时贴向容器底一样，只是力量小了些。对这个人来说，容器底的倾斜面仿佛是水平的一样。而在运动之前，他原以为是水平的方向，现在看来却已经是倾斜的了。在他面前，一切都不寻常：房屋、树木是倾斜的，池塘的水平也是倾斜的，所有的景物都是倾斜的。如果这个人不相信自己眼睛看到的，把水平器放在容器底，上面的显示结果会告诉他，容器底是水平的。总之，这个人的"水平"方向跟一般情况的水平方向不一样。

现实中，只要我们没有意识到我们身体与竖直状态有了倾斜，就会认为周围的事物都是倾斜的。飞机驾驶员在飞机转弯时，或者人在骑旋转木马时，会觉得整个环境都是倾斜的。

有时候，当你在严格意义上的水平道路上行走，而不是在倾斜的道路上时，你也会有仿佛失掉水平状态的错觉。比如，在火车进站或者出站时，就会有这种情形，而且一般来说，火车减速或者加速运动时，都会有这种现象发生。

当火车开始减低速度时，你可以观察到：仿佛地板在火车运动方向低了下去。此时在火车上向火车运行的方向行走，就仿佛是向低处走去。但当我们此时向火车前进相反的方向行走，又会感觉是在向高处走去。至于火车从车站出发时，地板却仿佛向运动相反的方向倾斜。

要证明地板平面仿佛跟水平面有了倾斜，可以做这样一个实验：在火车上，放一个盛着黏稠液体（比如甘油）的杯子，当火车加速运行时，液体表面会显出倾斜的样子。现实中，我们也能在机车的流水槽中看到这种现象，如果在雨中，当火车进站时，流水槽中的积水会流向前方；而当火车开车的时候，水槽里的积水却流向后方。之所以会这样，是因为水面在跟火车加速度方向相反一面升高。

如此有趣的现象，让我们一起来研究一下它的原因。这里不会以一个旁观者的身份来研究，而是作为一个亲身参与者研究，即以坐在火车里的人的观点看问题。坐在火车里的人跟火车一起加速度运动，相对来说，他与观察到的一切现象都是相对静止的状态。当火车加速度运动，而火车里的人自认为静止的时候，他会感觉到车辆后壁对身体的压力（或者座位对身体的带动向前的作用），仿佛是自己用相等的力靠在车壁上（或是我们的座椅上）。仿佛受到两个力的作用，跟火车运行相反的力 R（图 22）和我们压向地板的体重 P。

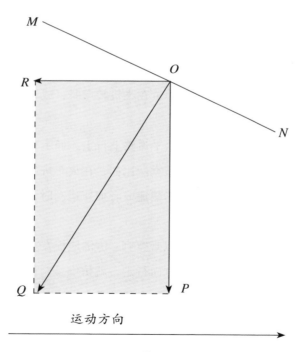

运动方向

图 22

这两个力的合力 Q 就是此时我们认为竖直的方向，而与力 Q 垂直的 MN 方向对我们来说仿佛是水平的。因此，原来是水平方向的 OR 仿佛是向运动方向升起，如果在相反的方向看，则好像是降低了一般（图23）。

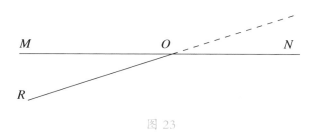

图 23

在这种情况下，如果有碟子盛着液体，会发生什么呢？我们已经知道新的"水平"方向跟原来液体的水平面不一致，现在是沿 MN 线的（图24上）。一目了然，图中箭头表示火车运行方向。在车辆出发时，假如按照新的"水平"位置倾斜的话（图24下），水就会从碟子的后缘（车辆流水槽的后端）溢出了。同样的原理，你就明白了站在车里的乘客为什么会向后仰倒了（图25）。这个事实，一般都解释为两脚被车辆地板带动了，而头和身体还在静止状态中。

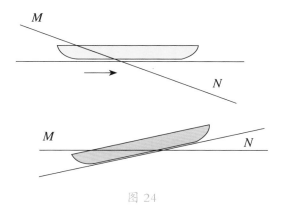

图 24

图 25

即使是伽利略也支持这个类似的解释，我们可以从其摘录中看出：

假如一个盛水的容器，在做着直线运动，一会儿是加速，一会儿是减速，并不是匀速运动的话，这样的后果是：水并不完全跟容器的运动一致。容器在减速的时候，水还在保持原来的速度，所以就会向前端流去；而当容器加速的时候，水还是保持原来缓慢的速度，流落下来，所以后端的水就会升高。

一般来说，这种解释与上面所说的都是符合实际情况的。不过从科学上来说，一个解释不但跟实际情况符合，还能从量上计算出来，就更有价值了。而我们上面所说的这个现象，就可以从量上来计算。假设，火车从车站开行时的加速度是 1 米 / 秒²，新旧两竖直线的夹角 $\angle QOP$（图 22）可从三角形 QOP 中算出，三角形中 $QP : OP = 1 : 9.8 \approx 0.1$（力与加速度成正比）：$\tan \angle QOP = 0.1$，$\angle QOP \approx 6°$。即悬挂在车厢内的重物，开车时会做 6°的倾倒。脚底下的地板仿佛也倾斜了 6°，因此在车厢内行走时，就会感觉跟在 6°的斜坡上行走一样。如果用一般的解释来说明这个现象，我们就没办法确定这些细节了。

当然，读者也可能已经发现，这两种解释的区别是对观察点的不同而导致的：一般的解释是以站在车辆以外的第三方看到的现象来说，而另一个解释是以亲自参与到加速运动中看到的现象来说。

5 让车子自动上坡的磁山

在美国的加利福尼亚有一座山，当地的汽车司机们认为它有磁性。在这座山脚下，有段大约 60 米长的路，会有一种异常的现象。这段路是倾斜的，可是当汽车在这个斜坡上面向下行驶时，如果关掉发动机，车子就会向后退去，即在斜坡上向高处退，仿佛是受到山的"磁力吸引作用"一般（图 26）。

图 26

此山的惊奇之处已被认可，在这段公路旁还树立了木牌，专门说了这个现象[1]。

当然，也有人怀疑这座大山是否真的能够吸引汽车。为了验证这一现象，对这段路进行了平准测量。结果却出人意料：人们一直以为是上坡的地方，竟然是有 2° 斜度的下坡路。这样的坡度，可以使汽车在良好的公路上关闭发动机进行滑行了。

在山地上，这种视觉上的错觉很常见，因此产生了很多传说性的故事。

①这种怪坡现象在国内外有很多。中国最早发现怪坡的时间为 1990 年，位于沈阳市新城区的寒坡岭，长约 80 米，宽约 15 米，呈西高东低的任意坡走势。2009 年，沈阳"怪坡"荣膺世界纪录协会世界第一"怪坡"。此外，加拿大的磁力山、韩国的济州岛也有类似景点。

6 向山上流去的河

有的旅行家说过，河流的水会顺着斜坡向上流，这种现象也可以用视觉上的错觉来解释。这里我们可以摘录一下生理学上的话来说明。

我们判断某一地方是否水平，或者向下倾斜还是向上倾斜时，许多情况下往往会出现错误。比如，我们行走在一条稍稍往下倾斜的道路上，看到不远处跟这条路相交的另外一条路，我们常常会把第二条路的上升坡度看成比实际陡峭，但现实是，第二条道路的上坡并没有我们所想象的那样陡峭。

这个错觉可以这样解释，我们把正走着的路看成是基本平面，用这个基准面来测量别的方向的斜度，就会不自觉地把这个平面看成是水平面，而在看其他道路的坡度时无形中夸大了。

之所以会发生这种现象，是因为在走路时，我们的肌肉对 2°~3° 的坡度不会完全感觉得到，甚至还会有更惊奇的错觉。这种现象经常会在地面不平的地方出现：小河仿佛向山里流去。

下面这段文字，也是摘录自那本书里。

在靠近小河处行走，顺着微微倾斜的道路下坡时，如果小河的水面坡度很小（图27），河水几乎水平地流动时，我们常常会以为河水是沿着斜坡向上流去（图28）。此时，我们是把道路看成水平的了，因为我们习惯把自身站立的平面看成是水平的基准，以此来判断其他平面的倾斜。

图 27

图 28

7 铁棒的平衡问题

在一根铁棒的正中心钻一个小孔,然后用一根牢固的细金属丝穿过,使铁棒能像绕水平轴一样转动(图29)。如果让铁棒转动,它会停留在什么位置上?

趣味科学——趣味力学

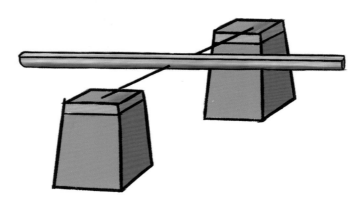

图 29

很多人会说,铁棒停留在水平位置上,因为"这是维持平衡的唯一位置"。很难让这些人相信,这个支撑在重心上的铁棒,是在任何位置上都能保持平衡的。

为什么这么简单的问题,很多人却不相信呢?因为一般人经常看到的,都是在棒的中央用线挂起来的情况——这种棒的确需要在水平的位置上才会保持平衡。由此,人们就会武断地下结论,认为贯穿在轴上的铁棒也需要在水平位置上保持平衡。

然而，用线挂起来的棒和贯穿在轴上的棒，条件是不一样的。穿孔支撑在轴上的棒，是严格地支撑在它的重心上的，因此是所谓的随遇平衡状态。而悬挂在细线上的棒，悬挂点并非在它的重心上，而是比重心高一些的地方（图30左）。这样的悬挂物，只有在它重心跟悬挂点在同一竖直线上时，即当棒在水平位置上时才能静止。在倾斜时，重心就会离开竖直线（图30右）。正是这个常见的错误妨碍了人们，使他们不能理解在水平轴上的铁棒能在倾斜位置上保持平衡。

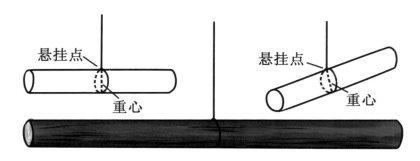

图 30

第四章

下落和抛掷

1 神奇的七里靴

在童话中，七里靴很是神奇。现实中，倒是可以用一种独特的方式把这种神奇变成事实：在一个中型的旅行箱里，装有一个小型气球的气囊和一套给气球填充氢气的装置。运动员可以随时从皮箱里拿出气囊，装满氢气，做成一个直径 5 米的气球。然后把自己吊在气球上，他就可以跳得很高很远（图 31）。不用害怕气球飞到高空中去，因为这个气球的上升力要比人的体重小些[1]。

图 31

一个运动员利用这种"跳球"，可以跳多高呢？计算一下，也是很有趣的。

假设人体的重力比气球上升力大 1 千克力。换言之，用这种气球的人体重可以看成是只有 1 千克，约合正常体重的 $\frac{1}{60}$。问，这个运动员是不是也能跳出 60 倍高呢？

让我们计算一下就知道了。

系着气球跳起的人，受到的向下合力是 1 千克力，即是 9.8 牛顿。跳球本身质量约 20 千克。也就是说，9.8 牛顿的力量作用在 20+60=80（千克）的质量上，所得到加速度是 $a=\dfrac{F}{m}=\dfrac{9.8}{80}\approx0.12$（米 / 秒²）。在正常条件下，一个人就地跳起所能达到的高度不超过 1 米，它的相应初速度 v 可以从公式 $v^2=2gh$ 求得，$v^2=2\times9.8\times1$，从而 $v\approx4.4$ 米 / 秒。

身上系着气球的人，在跳起时，给自己的速度比不系气球时小，这两个速度的比值等于人体质量和人体与气球总共质量的比值。（也可以用 $Ft=mv$ 公式来解释这一点，力 F 和此力作用的时间长短 t 在两种情况下相同，那么动量 mv 也相同。由此可见，速度和质量是成正比的。）所以，系着气球跳高的初速度为：$4.4\times\dfrac{60}{80}=3.3$（米 / 秒）。然后运用 $v^2=2ah$ 公式，求出跳的高度 h：$3.3^2=2\times0.12\times h$，$h\approx45$（米）。所以，这个运动员如果在正常情况下能跳 1 米高，那么在系着气球时就能跳 45 米高。

再把跳跃的时间计算一下，也非常有趣。加速度为 0.12 米 / 秒² 的情况下，向上跳 45 米高所需要的时间为（可用公式 $h=\dfrac{at^2}{2}$ 求出）：$t=\sqrt{\dfrac{2h}{a}}=\sqrt{\dfrac{2\times45}{0.12}}\approx27$（秒）。因此，跳上去和落下来，一共需要 54 秒的时间。

如此缓和的跳跃自然是因为加速度很小。要想有这样的跳跃感觉，如果不用气球，只能是在重力加速度比地球小很多（约等于地球的 $\frac{1}{60}$）的某个行星上了。

在上面做的计算，包括下面要做的计算，都是完全忽略了空气的阻力。在力学理论中，利用公式可以计算出有空气阻力时跳得最高的高度和所用的时间。在空气中跳跃，不管是跳得最高的高度，还是所花的时间，都比在真空中小很多。

我们不妨再加算一下——求出跳远的最大距离。跳远时，运动员跳的方向应该跟水平线成一定角度 α。假如运动员跳出时身体得到一个速度 v，那么他的运动路线图如图 32。把这个速度分成两个水平分速度：一个竖直分速度 v_1 和另一个分速度 v_2。这两个分速度分别是：$v_1=v\sin\alpha$；$v_2=v\cos\alpha$。

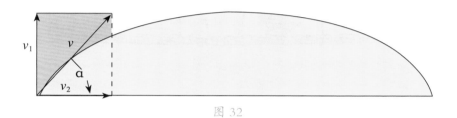

图 32

人体在上升过程中，过了 t 秒钟后就停止，此时 $v_1-at=0$，或 $v_1=at$，从而 $t=\dfrac{v_1}{a}$，由此可知，人体上升和落下的时间是：$2t=\dfrac{2v\sin\alpha}{a}$。而分速度 v_2，不管是人体在上升，还是在落下的时间段里，都应该是不变的，它使人体在水平方向匀速前进。这个段时间内，人体前行了

$$s=2v_2t=2v\cos\alpha\cdot\frac{v\sin\alpha}{a}$$

$$=\frac{2v^2}{a}\sin\alpha\cos\alpha=\frac{v^2\sin2\alpha}{a}$$

这样计算出的数值也是跳远的距离。

此距离在 $\sin2\alpha=1$ 时达到最大值，因为正弦值不可能比 1 大，即 $2\alpha=90°$，$\alpha=45°$。也就是说，在没有大气阻力的条件下，如果运动员从地面上向 45° 角方向跳出去，会跳得最远。把 $v=3.3$（米 / 秒），$\sin2\alpha=1$，$\alpha=0.12$（米 / 秒²）代入上述公式中可以得出：

$$s=\frac{3.3^2}{0.12}\approx90\text{（米）}$$

这种跳 45 米高的跳高和用 45° 角跳远能跳 90 米远的方式，能促使人跳过好几层楼的房子（图 33）[2]。

图 33

我们自己也可以做一次小型的类似试验：用一个儿童的氢气球，挂上一个厚纸片剪成的运动员，注意这个运动员的重量要比气球的上升力略大一些。此时，只要轻轻触碰一下，纸人就会高高跳起，然后再落下。这个实验中，虽然跳的速度不大，空气阻力所起的作用，还是比真人跳的时候大。

注 释

①单独一个氢气球大概可以升到 15 ~ 20 千米，再高的话就会因空气内外压力、高空气温降低等问题，使气球爆炸。1972 年，在美国加利福尼亚州，一个 143 万立方米的巨大气球，一直飞到 51 815 米的高度，创造了不载人气球最高升空纪录。2005 年，一个印度人乘热气球飞至 21 290 米的高空，创造了新的载人热气球飞行高度纪录。

②记住这一点：与竖直线成 45° 角抛出的物体，落下的最远距离等于用同样的初速度竖直抛上所达到高度的两倍。在我们所说的这个例子里，竖直上升的高度是 45 米。

2 好玩的"肉弹"

"肉弹"，一个很有意思的杂技节目，在这个节目中，把一个演员放在炮膛内，然后点燃大炮，把演员从炮膛里发射出去，在空中划出一道弧线，落到距离炮膛 30 米远的网上（图 34）。

图 34

在这个表演中，其实说炮和发射这两个词是不准确的，因为这根本不是真正的炮，也不是真正的发射。虽然在表演时，炮口会冒出一股浓烟，但是这并不是火药爆炸引起，而是为了增强视觉效果，故意做出来的。把演员抛射出去的动力是弹簧，在弹簧把人抛掷出去的同时发出一股浓烟，加强效果，这就造成一种错觉，仿佛人真是被弹药射出去一般。

图 35 是"肉弹"表演的图解,下面是著名的"肉弹"表演者莱涅特做这个表演的一些有关数据。

炮筒斜度··················70°

飞行最大高度··········19 米

炮膛长度··············6 米

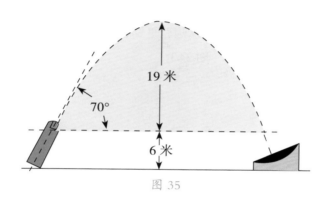

图 35

当演员表演这个节目时,他的身体会感受到一些特别的情况,值得我们注意。在发射的一瞬间,演员的身体仿佛受到一种压力,增加了重量的感觉。随后在自由飞行时,演员的身体又仿佛没有了重量似的。最后落在网上的那一瞬间,他会感受到重量增加的作用。这一切演员都承受了下来,并对健康没有损伤。这种情况值得精细研究,因为乘坐宇宙飞船飞向太空的宇宙航天员,也会有同样的感受。

在演员表演的第一阶段,也就是当他还在炮膛内的时候,使我们感兴趣的是"人造重量"的大小。这个大小也可以计算出来,只要我们能把物体在炮膛里的加速度算出来,就可以知道了。要计算加速度就得知道物体所走过的路程,即炮膛的长度,以及走完这段路程时所产生的速度。已知炮膛长度为 6 米。至于速度,也可以计算出,因为我们知道这是能把一个自由物体抛到 19 米高的速度。

在前一节中曾算出一个公式 $t = \dfrac{v\sin\alpha}{a}$，式中 t 是上升时间，v 是初速度，α 是抛出物体的倾斜角度，a 是加速度。另外，我们已经知道了上升的高度 h。由于

$$h = \frac{gt^2}{2} = \frac{g}{2} \times \frac{v^2\sin^2\alpha}{a^2} = \frac{t^2\sin^2\alpha}{2a}$$

可以计算出速度：$v = \dfrac{\sqrt{2ah}}{\sin\alpha}$。

式中，所有数值都知道了。g=9.8（米 / 秒²），α=70°。至于 h，从图 35 中可以看出，应该是 19 米。这样所求的速度为 $v = \sqrt{\dfrac{19.6 \times 19}{0.94}} \approx 20.5$（米 / 秒）。演员用这个速度飞离大炮，也是用这个速度飞离炮口的。根据公式 $v^2 = 2aS$，得出

$$a = \frac{v^2}{2S} = \frac{20.5^2}{12} \approx 35 \text{（米 / 秒²）}$$

计算出了演员在炮膛里运动的加速度是 35 米 / 秒²，大约相当于重力加速度的 3.5 倍。因此，在发射的一瞬间，演员要感受到自己的体重变成了从前的 4.5 倍。除了原本的体重外，还要加上 3.5 倍的"人造重量"。

这种增加了重量的感觉会延续多长时间呢？

利用公式 $S = \dfrac{vt}{2}$，可以得出 $6 = \dfrac{20.5 \times t}{2}$，从而计算出 $t = \dfrac{12}{20.5} \approx 0.6$（秒）。

也就是说，演员会有大约半秒钟以上的时间，感知到自己的体重不是 70 千克，而是大约 300 千克。

接下来研究"肉弹"表演的第二个阶段——演员在空中的自由飞行。这个研究最感兴趣的是飞行的时间，演员会有多长的时间感觉完全没有重量呢？

在上一节内容中，我们知道这种飞行的时间等于 $\dfrac{2v\sin\alpha}{a}$。把知道的数值代入公式内，就可以计算出这个时间等于 $\dfrac{2 \times 20.5 \times \sin70°}{9.8} \approx 3.9$（秒）。即完全没有重量的感觉会持续 4 秒左右。

对于研究第三个阶段，与第一个阶段差不多，需要求出"人造重量"的大小和延续这种情况的时间。假设网和炮口一样高，演员落在网上的速度，应该等于他开始飞行的速度。如果把网放得比炮口低，演员的速度就会比较大，但这种差别极小，为了不让我们的计算太复杂，暂且忽略这种差别。

因此，假设演员是用 20.5 米/秒的速度到达网的。落在网上时，陷下去的深度量得为 1.5 米。也就是说，20.5 米/秒的速度在 1.5 米的距离中变成了零。从公式 $v^2 = 2aS$ 中得到

$$20.5^2 = 2a \times 1.5$$

从而加速度

$$a = \frac{20.5^2}{2 \times 1.5} \approx 140 \ (\text{米/秒}^2)$$

这里，我们清楚地知道，演员落入网里时，受到了 140 米/秒^2 的加速度——大约是重力加速度的 14 倍。所以，演员会有一段时间感受到自己的体重变成了原来的 15 倍，不过这种不寻常的情况只延续了 $\frac{2 \times 1.5}{20.5} \approx 0.15 \ (\text{秒})$，如果不是时间极短，这个增加到了原来 15 倍的重量，即使演员受过专门训练，也不可能毫发无损地承受住。因为此时体重 70 千克的人要承受住整整一吨的重量。这样的负荷，如果持续时间久一点，会把人压死的，至少会让人不能呼吸，因为人体肌肉的力量不能"抬起"这么沉重的胸腔。

注 释

①这种说法也不准确。因为这个"人造重量"的作用方向是跟竖直方向成 20° 角的，而正常重量的作用方向是竖直的。不过这里的差别并不大。

3 过危桥的火车

在儒勒·凡尔纳的小说《八十天环游地球》里，描述过这样一个场景：在落基山有个铁路吊桥，由于桁架已经损坏，随时可能坍塌。书中描述了勇敢的司机决定把旅客列车从桥上开过去（图36）。

图 36

"这座桥要塌了！"

"没关系，只要我们把火车速度开到最大，运气好也许能过去。"

列车用不可思议的高速向前冲去，活塞每秒钟进退20次，车轴都已经冒浓烟了，火车仿佛根本没有触碰到铁轨一样。重量已经被速度消灭了……火车真的从桥上开过去了。列车跃过桥身，从一岸跳到另一岸，它刚刚过去，桥就轰隆一声坍塌了。

这个描述合不合理呢？"重量"真的能"被速度所消灭"吗？众所周知，铁路的路基在火车疾驰时受到的负荷比慢行时的负荷大很多，一般情况，在路基比较差的地方，都要求车辆慢行。但是小说里却恰恰利用疾驰解决了难题，这可能吗？

原来，小说里描述的场景并不是没有道理的。在特定的条件下，即使桥梁正在坍塌，列车也可以避免受到伤害。这其中的关键在于，列车要在极短的时间内驶过桥去。在这样极短的时间内，桥甚至根本来不及塌。

下面我们来大概计算一下。客车机车的主动轮直径 1.3 米，"活塞每秒钟进退 20 次"使得主动轮每秒钟转 10 周。换句话说，车轮每秒钟走出 $10 \times 3.14 \times 1.3$（米）$=41$（米）。这是火车每秒的速度。山间的河流可能不会很宽，那么桥的长度，也就大概 10 米。这就是说，在这么高的速度下，列车只需 $\frac{1}{4}$ 秒的时间就能过完桥。即使桥在最初的一瞬间就开始断了，桥的另一端在 $\frac{1}{4}$ 秒钟内，只落下了 $\frac{1}{2}gt^2 = \frac{1}{2} \times 9.8 \times \frac{1}{16} \approx 0.3$（米），只来得及落下 30 厘米。桥并不是一下子全部断掉的，而是先从列车驶过的那一段开始断，此时另一端还在和对岸连接着。因此列车（极短的列车）大约来得及在桥的另一端断落前驶到对岸。小说家说的"重量好像被速度所消灭了"，就是要这样理解的。

这段描述不可靠的地方是，"活塞每秒钟进退 20 次"，如果要推论的话，可以产生每小时 150 千米的速度。这么高的速度，在那个时候的机车是达不到的。

这种现象，在人们溜冰的时候也会感受到类似的情形，溜冰的人在冒险地滑过一块薄冰时，就需要很快的速度，如果慢慢地滑，这块薄冰一定会破裂的。

还要注意的是，"重量被速度所消灭"这句话，同样适用于拱桥上面的运动。在这种情况下，速度的增加会减少运动物体对桥的压力。

注 释

①世界最危险的桥中，还有秘鲁安第斯山脉中的一座草绳桥——克斯瓦恰卡桥，每年当地居民都会重修一下；瑞士特里夫特悬索桥是仅供行人行走的最长悬索桥，距地约170米。越南境内的"猴子桥"是一根架在水面上的大独木，旁边是一根供游客扶手的细木。我国的张家界大峡谷的玻璃桥，是世界最高最长玻璃桥，桥面距谷底约300米。

4 三颗弹丸的题目

【题目】在一面竖直的墙壁上画个圆圈（图37），直径为1米，在圆圈的顶点沿着弦 *AB* 和 *AC* 装两道滑槽。把三颗弹丸在 *A* 点同时放下，一颗自由落下，另外两颗分别在滑槽里没有摩擦也不滚动地滑下。问，哪一颗弹丸最先到达圆周呢？

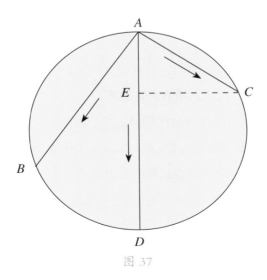

图 37

【解题】表面上看，滑槽 AC 的路程最短，一般都会认为这个滑槽里的弹丸最先达到圆周。滑槽 AB 里的弹丸应该是第二个到达，最慢的应该是竖直跌落的那个，因为它距离最长。

但是，实验证明，这种看法是错误的。三颗弹丸竟然是同时到达圆周的。

因为三颗弹丸的运动速度各不相同。运动速度最快的是自由落下的弹丸，沿滑槽的两颗弹丸，滑槽比较陡的，运动得就比较快。所以，路程越远的弹丸，速度也越快。下面的计算可以证明，速度大的结果恰好弥补了路程较长的损失。

弹丸沿竖直线 AD 落下的时间 t（在不计算空气阻力的情况下）可以用下面的公式求出：

$$AD = \frac{gt^2}{2}, \quad t = \sqrt{\frac{2AD}{g}}$$

沿弦 AC 运动的时间 t_1 为 $t_1 = \sqrt{\frac{2AC}{a}}$，其中 a 是弹丸沿着斜线 AC 运动的加速度。这里已经可以看出来 $\frac{a}{g} = \frac{AE}{AC}$，由此得出 $a = \frac{AE \cdot g}{AC}$。

图 37 中说明 $\frac{AE}{AC} = \frac{AC}{AD}$，因此 $a = \frac{AC}{AD} \cdot g$。

所以 $t_1 = \sqrt{\frac{2AC}{a}} = \sqrt{\frac{2AC \cdot AD}{AC \cdot g}} = \sqrt{\frac{2AD}{g}} = t$。

最终结果是 $t_1 = t$，充分说明弦和直线上的运动时间相等。这种理论不但是 AC 弦适用，从 A 点出发的所有弦都适用。

上面的问题，还可以换种角度提问。三个物体在重力作用下，分别沿着竖直平面上的一个圆的弦 AD、BD 和 CD 运动（图 38）。运动从 A、B、C 三点同时开始，问，哪一个物体会最先到达 D 点呢？

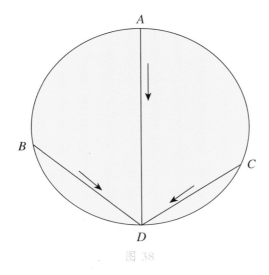

图 38

相信读者已经知道了，三个物体会同时到达 D 点。

这个问题是伽利略在《关于两门新科学的对话》一书中提出来的，并且在书中给出了解答。这本书里，最先提出了他所发现的物体落下的定律。

在书中可以找到伽利略是这样规定这个定律的：“假如在高出地平线的圆的最高点上，引出达到圆周的不同的倾斜平面，在这些面上的落下时间都相同。”

5　四块石头的题目

【题目】从塔顶上，同时掷出四块石头，而且所用的速度都是一样的。一块竖直向上，一块竖直向下，一块水平向左，一块水平向右。在下落过程中的每一个瞬间，用四块石头做顶点的四边形是什么形状？这里不用考虑空气阻力的因素。

【解题】许多人解题时，会认为，落下的石头分布得会像一个风筝形状的四角形的顶点。他们认为：向上掷出的石头，离开出发点的速度会比向下掷出的石头慢；而向两侧掷出的石头，要用某种中间的速度沿曲线飞出。这里他们忽略了一点，没有想到，四块石头所形成的四边形的中心点会以什么样的速度落下去。

要想容易地得到正确答案，得从另一个方面来考虑，先做一个假设，假设根本没有重力作用。此时，四块掷出的石头在每一个瞬间都是分布在正方形的顶点。

那么，要是有了重力作用呢？在没有阻力的介质中，一切物体都是以相同的速度落下的。因此，四块掷出的石头在重力作用落下时的距离相等，即正方形会跟着平行移动，还是个正方形的形状。所以，掷出的石头分布在正方形的四个顶点上。

下面是另一个有关的题目。

6 两块石头的题目

【题目】从塔顶上，用 3 米 / 秒的速度，掷出两块石头，一块竖直向上，一块竖直向下。问，在不考虑空气阻力的情况下，它们是用什么速度互相离开的？

【解题】按照上一节内容的解题思路，我们得到的正确结果是：两块石头是按照 3+3 就是 6 米 / 秒的速度相互离开的。不管你对这个结果有多奇怪，落下的速度并不起什么作用。而且对于任何天体都适用这个答案，不管是地球、月球，还是木星等，都适用。

7 掷球游戏

【题目】球员把球掷向同伴，接球的同伴距离他 28 米，球行进了 4 秒钟。球飞到的最大高度是多少？

【解题】球运行了 4 秒钟，在这 4 秒钟里，球完成了两个运动，一个是水平方面的，一个是竖直方向的。换句话说，球在上升和回落的过程中花了 4 秒钟，上升花了 2 秒钟，回落花了 2 秒钟（力学课本上证明，上升和回落的时间相等）。因此，球落下的距离是：

$$S = \frac{gt^2}{2} = \frac{9.8 \times 2^2}{2} = 19.6 \ (\text{米})$$

所以，球到达的最大高度约 20 米，至于两个球员之间的距离 28 米，在这里是不用考虑的因素。同时在这种速度不是很快的情况下，空气的阻力也可以忽略不计。

1 向心力

我们先要列举一个例子，来帮助我们理解后面会用到的一些概念。

假设用一条足够长的线，把一个小球系在光滑平面桌子中央的钉子上（图 39）。

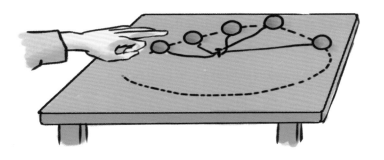

图 39

用手指弹动小球，使它得到一个速度 v。在小球把线拉直之前，它会在惯性作用下，沿直线方向前进。而一旦线被拉直了，小球就会用大小不变的速度画起圆圈来，圆的中心就是钉在桌子上的钉子位置。如果用火柴烧断线（图 40），小球会在惯性作用下，顺着跟圆周相切的方向飞出去（就如同把钢放在磨刀具的砂轮上时，会有火星沿着砂轮切线方向飞出的情形一样）。这种情况，是因为线的张力使小球脱离了惯性作用做的匀速直线运动。

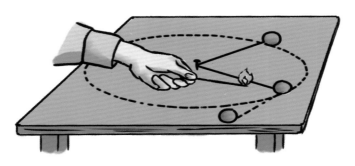

图 40

根据力学第二定律，力跟加速度成正比，方向跟加速度一样。因此，线的张力会给小球一个加速度，这个加速度的方向跟力的方向一样，都是向着圆周中心的钉子。因为惯性，小球想离开中心远去，而线的张力又拽着小球趋向圆心，因此这个力叫作向心力，这个加速度也就叫向心加速度。

假设已知沿圆周运动的速度是 v，圆的半径是 R，那么向心加速度 a 就可以用公式计算出：$a=\dfrac{v^2}{R}$。根据力学第二定律，向心力 $F=m\dfrac{v^2}{R}$。

向心加速度的公式也可以推导出来。假设小球在某一瞬间位置为 A 点（假如小球已经开始做旋转运动）。把线烧断时，小球沿圆周方向飞出，在间隔很短的时间 t 内，到达 B 点（图 41），走的距离 $AB=vt$。

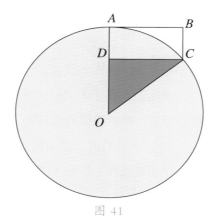

图 41

而向心力，即线的张力，却使小球做圆周运动，在刚才所说的时间间隔里到达圆周上的 C 点。如果在 C 点向 OA 作一垂线 CD，则 AD 的距离将等于小球只在与向心力相等的力量作用下所走出的距离。而这段距离，可以用没有初速匀加速运动公式计算出来：

$$AD=\frac{at^2}{2}$$

式中，a 是向心加速度。根据勾股定理可得 $OC^2=OD^2+CD^2$，其中 $CD=AB=vt$，$OD=OA-AD=R-\frac{at^2}{2}$，$OC=R$，从而就可以得出 $R^2=(R-\frac{at^2}{2})^2+(vt)^2$。

或者是 $R^2=R^2-Rat^2+\frac{a^2t^4}{4}+v^2t^2$，于是 $Ra=v^2+\frac{a^2t^2}{4}$。

这一切推论都是小球在极短的时间间隔 t 内做的运动，因此，有 t^2 的项是 $\frac{a^2t^2}{4}$，跟 Ra 和 v^2 比较，可忽略不计。把这个极小的数值忽略掉，就得到了 $a=\frac{v^2}{R}$。

2 第一宇宙速度

人造卫星为什么不掉落回地球呢？因为在地球引力作用下，一切上升到地球上空的物体，都会跌落回地面上。这其中的原因是，把卫星送到轨道上去的多级火箭给了它巨大的速度，这个速度大约是 8 千米 / 秒。

如果物体能够得到这样的速度，就不会跌落回地面，它将变成人造卫星。地球的引力只能使它的运行途径变得弯曲，使它围绕地球做封闭的椭圆形轨迹运行。

在特殊情况下，卫星的轨道可以是以地球为圆心的圆周。接下来，我们要推导出卫星在这种轨道上运行的速度，即所谓的圆周速度公式。

人造卫星在向心力作用下做圆周运动，这个向心力就是地球的引力。如

果用 m 表示人造卫星的质量，v 表示速度，R 表示轨道半径，那么向心力 F 就可以用下面公式求出

$$F=m\frac{v^2}{R}$$

同时，根据万有引力定律，这个向心力 F 也可以表示为

$$F=\gamma\frac{mM}{R^2}$$

这个式子里，M 是地球的质量，γ 是引力常数。如此一来，就可以得出 $m=\frac{v^2}{R}=\gamma\frac{mM}{R^2}$。那么，圆周速度 $v=\sqrt{\frac{\gamma M}{R}}$。

如果卫星轨道距离地球表面的高度为 H，地球半径为 r（图42），那么 $v=\sqrt{\frac{\gamma M}{r+H}}$。

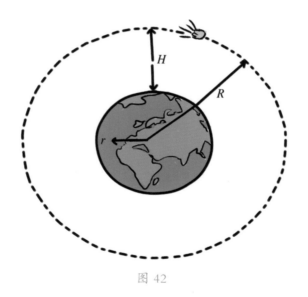

图 42

为了计算方便，上面的公式还可以演变一下。在地球表面，引力等于 mg，根据万有引力定律 $mg=\gamma\frac{mM}{r^2}$，从而 $\gamma M=gr^2$。

那么，在地球上空 H 高处的圆周速度，可用下面的公式得出：$v=\sqrt{\dfrac{gr^2}{r+H}}$ 或者 $v=r\sqrt{\dfrac{g}{r+H}}$。这里有一点很重要，在公式里，g 表示的是地球表面上的引力加速度。

如果轨道高度 H 与地球半径 r 相比很小，可以近似地认为 $H \approx 0$。此时圆周的速度公式就会简化为：$v=r\sqrt{\dfrac{g}{r}}$ 或 $v=\sqrt{rg}$。

如果把 g=9.81（米/秒²），r=6 378（千米）（地球赤道的半径）代入简化了的公式里，就可以得出所谓的第一宇宙速度：$v=\sqrt{9.81 \times 10^{-3} \times 6\,378}$ =7.9（千米/秒）。这就预示着，如果人造卫星围绕地球表面运动，就必须有上面这个速度。当然，在实际中，地球表面并不是平的，尤其是有大气阻力，卫星不可能在这样的轨道上运行。如果圆周轨道的高度增加了，它的轨道速度也会相应地减小。

注 释

① 人造卫星是环绕地球在空间轨道上运行的无人航天器。1957 年 10 月 4 日，苏联发射了世界上第一颗人造卫星。中国于 1970 年 4 月 24 日发射了自己的第一颗人造卫星"东方红一号"。截至 2016 年 8 月，全球各国在轨卫星或飞行器数量排行中，美国以 549 颗占据榜首，中国以 142 颗紧随其后，第三名俄罗斯有 131 颗。

3 固定的人造地球卫星

上一节我们已经了解到人造卫星圆周速度公式，明白了圆周速度的大小。知道了卫星绕地球一周所需用的时间，是随着飞行高度的变化而改变的。这样就会有另一个问题，即在某一个飞行高度上，卫星恰好是一昼夜绕地球转一周的。如果这个卫星是在地球赤道平面上运行，而且运行方向也是自西向东的，那么卫星的角速度就等于地球绕轴自转的角速度。这样看来，卫星就好比是固定不动地悬挂在赤道某一点上一样。我们把这种卫星叫固定的人造卫星。接下来让我们试着求出这个固定的人造卫星的运动速度。

人造卫星在轨道上绕转一周所需的时间 T，等于轨道圆周长 $2\pi(r+H)$ 跟圆周速度 $v_{圆}=r\sqrt{\dfrac{g}{r+H}}$ 的比，即 $T=\dfrac{2\pi(r+H)}{r\sqrt{\dfrac{g}{r+H}}}$。

在这个等式中，可以用 T、r、g 的值得出高 H：$\dfrac{T-r\sqrt{rg}}{2\pi}=(r+H)\sqrt{r+H}$，再进一步演化，去掉平方根，得出 $(r+H)^3=\dfrac{T^2r^3g}{4\pi^2}$，最后计算出 H 的式子为

$$H=3\sqrt{\frac{T^2r^3g}{4\pi^2}}-r$$

既然是固定的人造卫星，那么它绕地球一周的时间应为一个恒星日，即 23 小时 56 分 4 秒或 86 164 秒。现在我们可以知道的各个数值是：$T=86\ 164$ 秒，$r=6\ 378$ 千米（赤道半径），$g=9.81$ 米/秒²（地球引力加速度）。把这些数值代入上面的公式中，就可以求出

$$H=\sqrt{\frac{(86\ 164\ 秒)^2\times(6\ 378\ 千米)^3\times 9.81\times 10^{-3}\ 千米/秒^2}{4\pi^2}}-6\ 378\ 千米\approx 35\ 800\ 千米$$

有了飞行高度 H 的数值 35 800 千米，就可以算出 $r+H\approx 42\ 200$ 千米，那么人造卫星的圆周速度

$$v_{圆}=r\sqrt{\frac{g}{r+H}}=6\ 378\ 千米\times\sqrt{\frac{9.81\times 10^{-3}\ 千米/秒^2}{42\ 200\ 千米}}\approx 3.1\ 千米/秒$$

至此，就可以得出结论，在赤道上空做自西向东运行的人造卫星，只要高度在 35 800 千米处，用 3.1 千米/秒的圆周速度前行，就会永远停留在赤道同一点的上空。在地面上，能在很大一片地区看到它，而且无论从

哪个地点看，它总是在天空的同一个位置上。相应地，在这个固定的人造卫星上向下观察，也会经常看到这一大片地区。地面和卫星的相对位置不动，加上"视野半径"①很大，因此，这种固定的人造卫星可以用来做电视转播站。

①简单地说，视野半径就是指人眼能看清的最远距离。正常人眼视野半径无限大，而近视眼越严重，视野半径越小。视野半径常用角度表示，比如说视野半径小于 10 度，意思是视野损害很严重了，就像人在纸筒里看东西一样。而变色龙具有 360 度视野半径，它们能够同时观看两个不同物体，分别旋转和聚焦眼球。

4 增加体重的简单方法

生活中，经常有人会对身体孱弱者说"增加一下体重"就好了。单纯地从字面上来理解，只是为了简单增加体重的话，倒是不用加强营养，也不用特别的健康知识，很快就能使体重增加，只要你坐在"转车"①（图43）上就可以了。坐在运动着的"旋转车"上的人，根本不会意识到，他的体重在这个过程中已经真正地增加了。下面，我们就一起计算一下，体重增加了多少。

图 43

假设 MN（图 44）是转车车厢绕着旋转的轴，转车在转动时，车厢和里边的乘客在一起，而且车厢是悬空的，在惯性作用下，车厢离开转轴，顺着切线方向做运动，如同图 44 所示的倾斜状态一样。此时，乘客的体重 P 分解成两个力，一个力 R，水平向轴的方向，这个力是维持圆周运动的向心力；另一个力是 Q，沿着悬索的方向向下，把乘客压向车厢底上，这个力会使乘客感觉如同自己体重一般，但这种"新的体重"要比正常体重 P 大，等于 $\dfrac{P}{\cos a}$。这个 a 是 P 和 Q 之间的夹角，要想求出 a 的数值，首先要知道力 R 的大小。既然力 R 是向心力，那么它所产生的加速度 $a = \dfrac{v^2}{r}$，其中 v 是车厢重心的速度，r 是圆周运动的半径，等于车厢重心与轴 MN 之间的距离，假设这个距离等于 6 米，转车的转速是每分钟 4 转，那么，车厢每秒钟转动走出的距离就是全圆的 $\dfrac{1}{15}$。这就可以计算出它的圆周速度

$$v = \frac{1}{15} \times 2 \times 3.14 \times 6 \approx 2.5 \text{（米／秒）}$$

图 44

这样一来，力 R 产生的加速度，就可以计算出

$$a = \frac{v^2}{r} = \frac{2.5^2}{6} \approx 1.04 \text{（米／秒}^2\text{）}$$

因为，力跟加速度是成正比的，所以计算夹角 α 的式子：$\tan\alpha = \frac{1.04}{9.8} \approx 0.106$，计算出夹角的数值为 α ≈ 6°。我们已经知道"新的体重" $Q = \frac{P}{\cos\alpha}$，现在把数值代入，就能算出

$$Q = \frac{P}{\cos 6°} = \frac{P}{0.994} = 1.006P$$

假如这个人的体重正常时是60千克，那现在的体重就增加了大约360克。

在这种转速比较慢的转车上，体重增加得不明显。如果在半径小、转速高的离心机械上，这种体重甚至可以增加到极大的数量。有一种叫"超离心机"的装置，它的转速可以达到每分钟80 000转之多，使用这种装置，可以使体重增加25万倍。假如在这个仪器上做实验，放上一滴水，正常质量只有1毫克左右，就会变成$\frac{1}{4}$千克的重物。

目前，大型的离心机被用来考验人对大幅度超重的忍耐力，为以后能实现星际航行做准备。只要通过特定方式选定半径和旋转速度，就可以得到被实验人所需要的加重。实验证明，人是可以在几分钟内承受住比本身体重大四五倍的超重，而且对身体毫发无损，这可以让他安全地向宇宙空间飞去。

从现在开始，是不是说话变得谨慎了些，在对亲友祝福时，不会再说体重增加了，而是改成身体的质量增加了呢！

注　释

①这个其实就是现代公园里的旋转木马，瑞典的斯德哥尔摩市内有现今世界上最高的旋转木马，其高度超过 120 米，最大旋转速度可达 70 千米 / 小时。

5　不安全的旋转飞机

有一个公园，想修建一座旋转飞机，原理类似于孩子们玩耍的"转绳"，只不过是在绳索（或杆子）的末端装上类似飞机的模型。这些绳索在很快的旋转过程中，会被抛离出去，顺带这个"飞机"和上面的人也会一同被向上升起。修建的人打算让旋转塔达到一定的转数，让绳索几乎能够升到水平位置。但是，这样的设计并没有实现，因为人们知道，只有绳索显著倾斜的时候，上面的人身安全才不至于受到伤害。绳索与竖直线之间倾斜角的最大极限值，可以从人体只能无害地受到三倍体重出发，计算出来。

上一节内容的图 44 对我们现在要解决的问题帮助很大。根据我们知道的，要想让人为的体重 Q，不少过天然体重的三倍，就会得出它们之间的比值最多是 $\frac{Q}{P}$ =3，而这种比值也可以表示为 $\frac{Q}{P} = \frac{1}{\cos\alpha}$，因此可以得出 $\frac{1}{\cos\alpha}$ =3，$\cos\alpha = \frac{1}{3} \approx 0.33$，那么 $\alpha \approx 71°$。

所以，绳索和竖直线之间不能偏离超过 71°，也即绳索和水平位置之间至少要保留 19°。

图 45 就是这种旋转飞机。当然，图中表现出来的绳索倾斜度并没有达到它的极限值。

图 45

6 铁路转弯的地方

一位物理学家曾这样说过:"我坐在火车上,当时火车正在转弯,我突然发现铁路近旁的树木、房屋、工厂烟囱等,都变成倾斜的了。"

如果旅客乘火车时,当火车速度很快,也会常常看到这样的现象。

这个现象的出现,不能说是因为铺设铁轨时,在拐弯处外面的铁轨比里边的铁轨高。假如你伸出头去向四周看,而不是通过倾斜的窗口观看,你也可能会有上面说的错觉。

其实,在前一章中已经讲过的,这里似乎没有必要再详细解释一下真正的原因了。大概读者已经猜测出,当火车转弯时,悬在车里的悬锤一定是在倾斜的状态。这个新的竖直线代替了乘客的原有竖直线,因此,原来都是竖直的物体,对于他来说,现在都变成倾斜的了[①]。

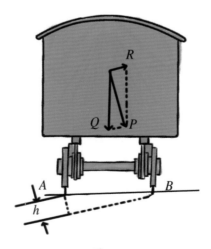

图 46

竖直线的新方向，可以从图46中算出。其中 P 表示重力，R 是向心力。合力 Q 是乘客所感知的重力，车上一切物体都会向整个方向跌去。这个方向跟竖直方向的偏斜角 α 的大小，可以用下面的公式求出：$\tan α = \dfrac{R}{P}$。

力 R 是向心力，它跟 $\dfrac{v^2}{r}$ 成正比，其中 v 是火车速度，r 是转弯处的曲率半径，力 P 又跟重力加速度 g 成正比，因此，$\tan α = \dfrac{v^2}{r} \div g = \dfrac{v^2}{rg}$。假设火车速度是 18 米 / 秒（65 千米 / 小时），转弯处的曲率半径为 600 米，那么 $\tan α = \dfrac{18^2}{600 \times 9.8} \approx 0.055$。

通过这个式子，就可以计算出 α ≈ 3°。

我们把这个"仿佛竖直"[2]的方向不由自主地误认为是竖直方向，而真正竖直的方向却被误认为偏斜 3° 的方向。如果火车在转弯处很多的地方，比如在圣戈塔尔德山路上行驶，乘客有时候会感觉到四周竖直的景物倾斜了 10° 之多。

如果想要火车在转弯处保持平稳，在转弯处铺设铁轨时，外面的一条铁轨就要比里边的铁轨高一些。具体高出多少，应该跟新的竖直方向相适应。举例来说，假如像刚才提到的转弯情景，假设外面的一条铁轨 A（图46）应该高出 h，这个 h 应该符合下面这个式子：

$$\frac{h}{AB} = \sin α$$

式中，AB 为铁轨之间的距离，约等于 1.5 米，α ≈ 3°，$\sin α = \sin 3° = 0.052$。由此，可以求出 $h = AB\sin α = 1\,500 \times 0.052 \approx 80$（毫米）。

也就是说，铺设铁轨时，外面的铁轨要比里面的高出 80 毫米。当然，这个数值只是针对一定的行车速度才适用。一旦铺设下去，就不能根据火车的速度改变而改变了。所以，在修筑铁路时，一般都是根据最普通的行车速度来设计的。

注 释

①由于地球的旋转，地面上的点都是沿着弧线运动的。即使是在"坚硬的大地"上，悬锤也不是严格意义上指向地球中心，而是跟这个方向偏斜一个不大的角度（在45°纬线上偏斜的角度最大，是6′，在南北极和赤道上却完全没有偏斜）。

②确切地说，应该是对于这个观察的人的"临时竖直"方向。

7 重力作用下的奇怪道路

当我们站在火车转弯处的铁轨上时，一般是看不出外面的铁轨比里边的铁轨高了一些的。但是，如果是在自行车竞赛场里，情形就是另外一个模样了。自行车竞赛场地里，转弯处的曲率半径要小很多，但速度却很高，因此倾斜角就非常大。假如在速度72千米/小时（20米/秒），半径100米的时候，倾斜角是可由下式求出：

$$\tan\alpha = \frac{v^2}{rg} = \frac{400}{100 \times 9.8} \approx 0.4，\alpha \approx 22°$$

在这样的道路上，步行的人是稳不住的，而自行车运动员却只有在这样的道路上才感觉最平稳。重力作用就是这么奇怪。另外，汽车竞赛用的场地道路也是这样修建的。

在杂技表演中，有一个节目更是奇怪，虽然表现出来的现象也完全符合力学定律，但还是有些不可思议。表演者是一位自行车骑手，他能在5米或者更小半径的"漏斗"内骑车打转。当车子速度为10米/秒时，"漏斗"壁的倾斜度应该是相当陡峭的，可用下式来计算一下：

$$tan\alpha = \frac{10^2}{5 \times 9.8} \approx 2.04, \ \alpha \approx 64°$$

观众会以为这个杂技演员一定是有不寻常的机巧和技术，不然他不会在这个很不自然的情况下立脚，而实际上却是，在这个速度之下，如此的条件才是最平稳的状态。

8 飞行员眼中倾斜的大地

无论是谁，看到天空中的飞机在绕圈子（"急转弯"），倾斜得很厉害时，都会以为飞行员在机舱内一定是小心翼翼的，防止自己从里边跌落出来。但事实上却是，飞行员根本没有感觉到他的飞机是倾斜的，对他来说，飞机正水平地在空中飞行着呢。但是，他仍然还会有一些异常的感觉：首先，他感觉自己体重增加了；其次，他所看到的地面变成倾斜的了。

让我们粗略地算一算，看看飞行员在"急转弯"时，感受到的水平面"倾斜"角度有多大，他自己的体重"增加"了多少。

假设飞机是以 216 千米/小时（60 米/秒）的速度盘旋飞行，螺旋的直径为 140 米（图 47）。倾斜角 α 可以用下式计算出

$$tan\alpha = \frac{v^2}{rg} = \frac{60^2}{70 \times 9.8} \approx 5.2, \ \alpha \approx 79°$$

从理论上看，对于这位飞行员来说，大地不但是倾斜的，而且几乎跟竖直一样了，因为倾斜的角度和竖直方向只差 11°。

图 47

　　但是在实际中，也许是因为生理上的原因，此种情形下，在飞行员看来大地倾斜的角度要比上面计算的数值略小一些（图48）。

图 48

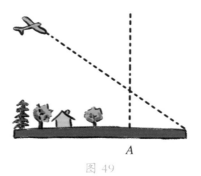

图 49

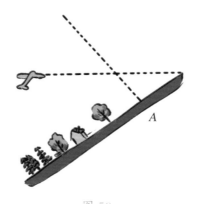

图 50

而对于"增加"的体重，可以用它与原本体重的比值等于它们方向之间的夹角余弦值的倒数算出来。这个角的正切是 $\tan\alpha = \dfrac{v^2}{rg} = 5.2$。

利用三角函数表，可以得到相应的余弦值为 0.19，倒数是 5.3。至此就可以说，飞行员压向机座的力等于他直线飞行时的 5 倍，也就是他会感觉自己的体重好像变成了原来的 5 倍。

图 49 和图 50 是飞行员用 190 千米/小时速度做大半径（520 米）的曲线飞行时，他眼中所看到的地面是倾斜的。

这种人为"增加"体重的方式，会使飞行员受到致命伤。曾经发生过这样的事：一位飞行员在做"螺旋"飞行（以小半径螺旋线急转下降）时，不但身子在座位上动不了，飞行员的手也不能做出动作。计算说明，他在那个时候的体重变成了原来的 8 倍[1]，万幸的是，他做了最大的努力，终幸免于难。

①通俗来说，体重增加就预示是个胖子。而现实中有很多超乎想象的胖人。美国亚利桑那州的苏珊娜·埃曼体重约 725 千克，可能是世界最胖的妇人。而墨西哥男子曼努埃尔·乌里韦也曾以 572 千克体重打破过吉尼斯世界纪录。

9 河流为什么是弯的

很长时间以来，人们都知道河流会像蛇一样是弯曲着的。但是这种现象，并不能说明河流弯曲都是因为地形造成的。有的地方很平坦，可是河流依然是蜿蜒曲折的。是不是很奇怪？按照常理，这样的地形，河流应该是直线方向的呀。

再进一步研究就会发现更加意外的事情：即使是在平坦地区上的河流，直线方向也最不稳定，也是最不可能有的。要想使河流保持直线方向，只能是理论中，而在实际中是永远不会有的。

假设一条河流，在大致同样的土壤上严格按照直线流动。我们试着来证明这种直线方式并不能保持太久的时间。由于某个偶然的因素，比如说因为土壤的不同，水流在某个地方偏移了一些。然后会怎样呢，河流会自动回到原来的样子吗？当然不会，那就造成了偏移的情况越来越大。在弯曲的地方（图 51），因为水是依照曲线流动的，在离心力的作用下，要压向凹入的一岸 A，冲洗这一岸，并且同时离开了凸出的一岸 B。如果想让河流恢复原来的直线，情况跟上面的恰恰相反，河流要冲洗凸出的一岸，离开凹入的一岸。

但现实却不这样，凹入的一岸受到河流冲洗，凹入的深度就会越来越大，河流弯曲的曲率也随之加大，这样离心力也加大了，接着持续对凹入一岸的冲洗作用加强。如此一来，只要形成了最小的弯曲，此弯曲就会不停地增长。

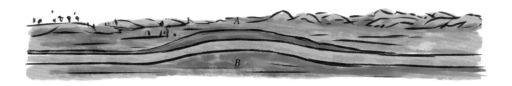

图 51

由于水流不断冲洗凹入的一岸，所以在凹入一岸的水流要比凸出一岸的水流快，由此水流携带的泥沙大多沉积在凸出一岸，而凹入一岸恰恰相反，受到不断冲洗，结果靠这一岸的河会比较深。

因为这个原因，凸出一岸变得比较平坦，并且更加凸出，凹入一面变得越来越陡峭。

小河变弯曲，最初的偶然原因无可避免，因此河流就无可避免地越来越弯曲，时间一长，慢慢地就变成蜿蜒曲折的了。

研究河流弯曲的逐渐变化情况很有意思。这种变化情况如图 52 的 a 到 h 所示。图 52 a 是稍稍弯曲的小河，到图 52 b 时，水流冲洗着凹入一岸，开始离开凸出一岸；图 52 c 所示的河床更加扩大了，到了图 52 d 里已经变成了宽广的河谷，河床被囊括在河谷里；如图 52 e、f 和 g 是河谷的进一步发展；图 52 g 所示，河床的弯曲已经大到几乎呈一个环套样子了。最后到了图 52 h 时，可以看到，河流在弯曲的河床想接近的地方为自己开通了道路，抄了个近路，在冲成河谷的凹入部分留下所谓的弓形沼或牛轭沼——留在河床上的被遗弃的部分死水。

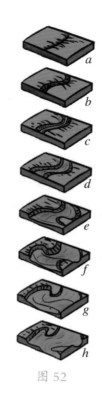

图 52

读者自己就能猜到，为什么河流不在它造成的平坦河谷里的中间流动或者顺着一边流动，而总是从一边折向另一边——从凹入的一边折向最近的凸出的一边[1]。

力学就是这样控制河流在地面上走向的。当然，这些现象是在很长的时间里逐渐完成的，这种时间会是以千年为衡量计算的。但是，你也可以在每年的春天看到跟上面现象细节相近的现象（规模当然要小很多），你只要仔细观察一下冰雪融化后在冰冻的雪地上冲出的小水流就可以了。

注　释

①地球的自转作用会使北半球的河流冲刷右岸比较厉害，南半球的河流冲刷左岸比较厉害。这一点，我们在这里并没有考虑进来。

1 为什么要研究碰撞现象

学习力学时，会有一章讲到物体的碰撞。这一章对于学生来说，都不感兴趣，他们理解得很慢，忘记得却很快，根本没留下任何记忆，好像只有一堆复杂公式而已。但是事实上，这一章很有意义，曾有过一段时期，人们想利用两个物体碰撞来解释大自然中的一切其他现象。

居维叶，19世纪著名的自然科学家，曾经说过："如果我们离开了碰撞，就不可能得到有关原因和作用之间的关系的明确印象。"一种现象，只有把它的原因归结于分子的互相碰撞上时，才算是明白地解释了这一现象。

当然，想从这个方向去解释世界，是行不通的：许多现象，比如电气现象、光学现象、地球引力等，都不能这样解释。但是，物体碰撞在今天解释大自然现象时，还是起着很大作用的。气体动理学理论就是个很好的例子，它把许多现象看成是众多分子的不断相互碰撞的无秩序的运动。另外，我们在日常生活中，或者是工程技术上，也可以碰到物体的碰撞。所有一切承受撞击作用的机器和建筑，它们组成部分的强度计算，都是需要使它们能够承受撞击负荷的。因此，在力学里，这一章的知识是不能缺少的。

2 碰撞的力学

只有学习了物体碰撞的力学，才能预先知道两个互相碰撞的物体，在碰撞之后的速度会是多少。要想知道这个速度，还要看碰撞的物体是非弹性的还是弹性的，就是说，两个物体是碰撞之后不跳开（非弹性）的，还是碰撞之后又分离的。

如果是非弹性的，两个物体碰撞之后会取得相同的速度，这个速度的大小可以根据混合法，由互撞物体的质量和原来的速度求出。

你在每千克8元的咖啡中拿出3千克，又从每千克10元的咖啡中拿出2千克，把3千克咖啡和2千克咖啡混合在一起，这种混合的咖啡每千克的价格应该是 $\frac{3\times8+2\times10}{3+2}$=8.8（元）;同样的算法，当质量是3千克，速度是8厘米/秒的非弹性物体，与质量是2千克，速度是10厘米/秒的非弹性物体相撞时，这两个物体相撞后的速度是 $u=\frac{3\times8+2\times10}{3+2}$=8.8（厘米/秒）。

一般情况下，当质量分别为 m_1 和 m_2、速度分别为 v_1 和 v_2 的两个非弹性物体相互碰撞时，它们碰撞后的速度是 $u=\frac{m_1v_1+m_2v_2}{m_1+m_2}$。

假如我们把速度 v_1 的方向算是正的，那么速度 u 前面的正号就表示物体在碰撞后，跟 v_1 相同的方向运动，负号则表示向相反的方向运动。关于非弹性物体的碰撞，需要记住的也就只有这些了。

弹性物体的碰撞就比较复杂了，因为它们在碰撞时，接触部位不但会凹陷（与非弹性物体一样），而且紧接着又会凸出来，恢复原状。在凸出时，追撞的物体除了在凹陷时会失去一份速度外，还要额外再失去同样一份速度。而被撞的物体，除了在凹陷时增加了一份速度外，还会再增加同样一份速度。也就是说，比较快的物体会失去两份速度，比较慢的物体会增加两份速度——至于弹性物体的相互碰撞，记住的也只是这些，其他的就都是纯数字上的计算了。

假设比较快的物体的速度是 v_1，另一个物体的速度是 v_2，它们的质量分别是 m_1 和 m_2。如果两个物体是非弹性的，在相互碰撞后，每个物体就会以这样的速度运动

$$u=\frac{m_1v_1+m_2v_2}{m_1+m_2}$$

第一个物体失去的速度是 v_1-u，第二个物体增加的速度是 $u-v_2$。但是如果是弹性物体，那么它们的速度，不管是失去还是增加，都是双份的，即2

（v_1-u）和 2（$u-v_2$）。因此，弹性物体在碰撞之后，物体的速度 u_1 和 u_2 应该是

$$u_1=v_1-2（v_1-u）=2u-v_1$$

$$u_2=v_2+2（u-v_2）=2u-v_2$$

最后把 u 的值代入式子里就可以了。

我们研究了碰撞物体的两个极端情况：一种是完全的非弹性物体碰撞，另一种是完全的弹性物体碰撞。当然还有中间的情况，互撞的物体不是完全弹性，就是在碰撞的第一阶段后，不会完全恢复它原来的形状。这种情况下面还要再谈，这里只是简单知道上面说的一些就可以了。

关于弹性碰撞，我们也可以用下面简短的规则来了解：物体碰撞后，用互相碰撞前互相接近的速度离去。通过这个规则就可以得到

物体碰撞前互相接近的速度是 v_1-v_2；

物体碰撞后互相离去的速度是 u_2-u_1。

把 u_2 和 u_1 的值代入上面的式子，得出 $u_2-u_1=2u-v_2-（2u-v_1）=v_1-v_2$。

这个性质之所以重要，不但是因为能为弹性碰撞提供清晰的图画，而且还有另外一层道理。作为不参加运用的第三者相对来说，在计算公式时我们就说"去撞的物体"和"被撞的物体"，"追撞的物体"和"被追撞的物体"。在本书的第一章中，讲过两个鸡蛋的问题，文中曾说过，去撞的和被撞的物体之间没有什么差别，两者可以互换并不影响整个现象。针对这一点是不是也在本节中适用呢？如果互换角色，是不是前面求出的公式也会有不同结果呢？

尽管有这样的变动，上面公式算出的结果却不会变。因为不管从哪一方面来看，物体碰撞前的速度之差总是一样的。碰撞后物体互相离去的速度也不变（$u_2-u_1=v_1-v_2$）。换句话说，不管从哪一个观点来看，物体碰撞以后的运动情况也总是这样。

下面有个非常有趣的数据，是关于绝对弹性球的碰撞问题。有两个钢球，直径是 7.5 厘米，当以 1 米 / 秒的速度互相撞击时，产生 1 500 千克的压力；当以 2 米 / 秒的速度互相撞击时，产生 3 500 千克的压力。钢球互撞时接触部位的圆的半径，在 1 米 / 秒的速度时是 1.2 毫米，在 2 米 / 秒的速度时是 1.6

毫米。碰撞持续的时间在这两种情形时大约都是$\frac{1}{5\,000}$秒。这个时间非常短，所以钢球在这么大的压力（每平方厘米 30 ～ 35 吨）之下能够不损坏。

不过这样短的碰撞时间只有对小球来说是正确的。如果钢球像行星一样大（比如半径等于 10 000 千米），用 1 厘米 / 秒的速度互撞，碰撞的时间应该是 40 小时。此时接触部分的圆的半径是 12.5 千米，而互相挤压的力量达到 4 亿吨[1]！

①曾有科学家认为，大约 6 600 万年前，一颗直径约 10 千米的小行星以超过 40 倍音速的速度撞击地球。墨西哥境内尤卡坦半岛上的"奇克苏鲁布"撞击坑，就是那次撞击的发生地。那次撞击的威力大约相当于原子弹爆炸的 70 亿倍，在全球引起破坏性大海啸、地震和火山爆发。有研究认为正是那次撞击导致了恐龙的灭绝。

3 皮球的弹性与弹跳高度

前一节中关于物体碰撞的公式，其实很少能够直接应用。实际上，能够分清"完全弹性"和"完全非弹性"的物体，是非常少见的。绝大多数物体既不属于前一类，也不属于后一类，而是属于"不完全弹性"的。以皮球为例，让我们提个问题：皮球是怎样一个东西呢？从力学的角度看，是完全弹性的，还是不完全弹性的呢？

球的弹性测试很简单：让它从一个高度落向坚硬的地面就可以了。如果是一只完全弹性的球，落下后应该跳回到原来的高度。

这一点从弹性碰撞的公式可以得出

$$u_1 = 2u - v_1 = \frac{2(m_1 v_1 + m_2 v_2)}{m_1 + m_2} - v_1$$

换成跟固定地面碰撞的皮球，使用上面式子时，可以把地面的质量 m_2 看成无限大，而地面的速度等于零。即 $m_2 = \infty$，$v_2 = 0$。把这两个数值代入上面的公式前，要先对公式进行一下变形，把式子里的分子和分母各除以 m_2，得到

$$u_1 = \frac{2\left(\dfrac{m_1}{m_2} v_1 + v_2\right)}{\dfrac{m_1}{m_2} + 1} - v_1$$

把 m_2 和 v_2 的值代入式子中，得到

$$u_1 = \frac{2\left(\dfrac{m_1}{\infty} v_1 + 0\right)}{\dfrac{m_1}{\infty} + 1} - v_1$$

因为 $\dfrac{m_1}{\infty} = 0$，于是，上面的式子就变成了 $u_1 = -v_1$。从这个式子中可以看出，皮球从地面上跳起的速度，跟它落向地面的速度相同。而一个物体从高度 H 落下时所得到的速度是 $v = \sqrt{2gH}$，推出 $H = \dfrac{v^2}{2g}$。另一方面，如果用速度 v 竖直向上抛，物体所能达到的高速为 $h = \dfrac{v^2}{2g}$。由此可见，$H = h$，也就是说，球跳起的高度应该和落下的高度相等。

非弹性的球完全不能够跳起（在物理学上很容易认清这一点，当然也可以代入上面公式加以证明）。

那么，一个不是完全弹性的皮球又会如何呢？要想说明这点，先要让我们再深入研究一下弹性碰撞。皮球落到地面时，跟地面有了接触，皮球与地面接触的部位会被压扁，因为这个压力，皮球的速度减低了。到了这一步时，皮球的情况依然跟非弹性物体一样，即它的速度等于 u，失去的速度是 $v_1 - u$。但是，压扁的地方会立刻鼓起来，也就是重新凸出，此时，球自然要向阻碍它凸出的地面作用，由此产生一个力作用在球上，减低球的速度。假如此时皮球恢复到原来的形状，这种形状的变化跟它被压扁时

程序正好相反，那么新失去的速度就会跟前一个阶段的相等，等于 v_1-u，因此，总体上讲，一个完全弹性的皮球的速度应该减少 2（v_1-u），变成 v_1-2（v_1-u）$=2u-v_1$。

　　说皮球"不是完全弹性的"，实质上是指皮球在外力作用下改变形状后，不会完全恢复原来的形状。它恢复形状的作用力要比当初改变它形状的力小。与之相应的，在恢复形状时所失去的速度也要比第一阶段失去的小，并不是 v_1-u，而是这个数值的一部分，用小数 e 表示（e 叫作"恢复系数"）。如此一来，在弹性碰撞时，失去的速度在前一阶段是 v_1-u，后一阶段是 e（v_1-u）。总共失去的速度等于（$1+e$）（v_1-u），碰撞后剩下的速度为 $u_1=v_1-$（$1+e$）（v_1-u）=（$1+e$）$u-ev_1$。被撞物体（这里说的就只能是地面了）在皮球的作用下，依据反作用定律后退，速度是 u_2，可用式子算出：$u_2=v_2+$（$1+e$）（$u-v_2$）=（$1+e$）$u-ev_2$。

　　从这两个速度的差 $u_2-u_1=e$（v_1-v_2）中，可以求出"恢复系数"

$$e=\frac{u_2-u_1}{v_1-v_2} \text{①}$$

　　对于向固定不动的地面碰撞的皮球，$u_2=$（$1+e$）$u-ev_2=0$，$v_2=0$，因此 $e=\frac{-u_1}{v_1}$。

　　u_1 是皮球跳起后的速度，等于 $\sqrt{2gh}$，其中 h 是球跳起的高度；$v_1=\sqrt{2gH}$，其中 H 是球落下的高度。因此，$e=\sqrt{\frac{2gh}{2gH}}=\sqrt{\frac{h}{H}}$。

　　经过一番演算，我们就能求出皮球的"恢复系数"。它可以表示皮球"不是完全弹性"的不完全程度。方法也比较简单，只要测出皮球落下的高度和跳起的高度，把两者的比值开方，就能得到所求的系数。

　　根据运动规则，一个网球从 250 厘米高度落下时，能够跳起 127～152 厘米高（图 53）。因此，网球的恢复系数应该是 $\sqrt{\frac{127}{250}}$ 到 $\sqrt{\frac{152}{250}}$ 之间，即 0.71～0.78 范围内。

　　我们取一个中间数 0.75，也可以说成是用一个"弹性75%"的球为例子，计算几个运动员很感兴趣的式子。

第一个题目：这个球从高度 H 处落下，第二次、第三次及以后各次能跳多高？

上面我们已经知道了，球第一次跳起时，可以用式子 $e=\sqrt{\dfrac{h}{H}}$ 求出。那么把 $e=0.75$，$H=250$（厘米）代入式子中，可得 $0.75=\sqrt{\dfrac{h}{250}}$，从而 $h\approx140$（厘米）。

250厘米

140厘米

图 53

球第二次再跳起，那就是从 140 厘米高落下以后再跳起的，假设球跳起的高度为 h_1，这时候的式子变成了 $0.75=\sqrt{\dfrac{h_1}{140}}$，从而 $h_1\approx79$（厘米）。

球第三次跳起时，又是从 79 厘米高处落下再跳起，假设它此时跳起的高度是 h_2，根据公式 $0.75=\sqrt{\dfrac{h_2}{79}}$，求出 $h_2\approx44$（厘米）。

以后的计算可以依此方式进行下去。

这个球如果从埃菲尔铁塔上落下（高度 H 等于 300 米），假如忽略掉空气阻力，第一次会跳起 168 米，第二次 94 米，等等（图 54）。但是实际上，球的速度很大，受到的空气阻力也会很大。

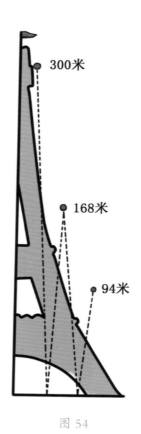

300米

168米

94米

图 54

第二个题目：球从高度 H 处落下后，能跳起多长时间？

我们知道 $H=\dfrac{gT^2}{2}$；$h=\dfrac{gt^2}{2}$；$h_1=\dfrac{gt_1^2}{2}$。

从而推出 $T=\sqrt{\dfrac{2H}{g}}$；$t=\sqrt{\dfrac{2h}{g}}$；$t_1=\sqrt{\dfrac{2h_1}{g}}$。

那么各次跳起的时间之和就是总时间，等于 $T+2t+2t_1+...$，即 $\sqrt{\dfrac{2H}{g}}$ $+2\sqrt{\dfrac{2h}{g}}+2\sqrt{\dfrac{2h_1}{g}}+...$。擅长数学计算的你，经过一番演算后，不难推算出这个式子可以演变成 $\sqrt{\dfrac{2H}{g}}\left(\dfrac{2}{1-e}-1\right)$。

其中 $H=250$（厘米），$g=980$（厘米／秒²），$e=0.75$，把它们代入式子，算出球跳起的总时间是 5 秒。也就是说，球会持续跳动 5 秒钟。

如果你让球从埃菲尔铁塔上落下，不考虑空气阻力的情况下，球会持续跳动将近一分钟，准确地说是 55 秒。当然，还有个前提是球在碰撞时没有被摔碎。

球从几米高的地方落下时，速度不大，所以空气阻力也不是很大。人们曾做过这方面的实验，让恢复系数是 0.75 的皮球，从 250 厘米高的地方落下，如果在没有空气的情况下，第二跳起应该能跳到 84 厘米高，实际上跳到了 83 厘米。从这个实验中可以看出，空气阻力几乎并没有起到什么影响。

注 释

①这里 u_1 和 v_1 的方向相反，如果 u_1 的值是正的，v_1 的值就是负的，那么 e 的值还是正的。

4　两个相撞的木槌球

木槌球碰撞在一个不动的球上，形成了力学上的所谓"正碰"和"对心碰"。这种碰撞是碰撞方向与通过碰撞施力点的球的直径方向相合的一种碰撞。

那么，这两个球碰撞之后，还会发生什么呢？

假设，两个球的质量相等，而且都是完全非弹性的，那么两个球相撞后的速度应该是相等的，是去撞的那个球的速度的一半。用式子表示是

$$u = \frac{m_1 v_1 + m_2 v_2}{m_1 + m_2}$$

其中，$m_1 = m_2$，$v_2 = 0$。

当然也有另一种情况，假如这两个球都是完全弹性的，通过简单计算（这里不过多介绍，感兴趣的读者可以自己演算一下）可知，这两个球的速度正好相反：去撞的球在相撞后会停止下来，而原来不动的球用去撞的球的速度向碰撞的方向运动。小朋友玩打弹子游戏时，两个球（象牙球）相撞后发生的情况就跟这个现象差不多，只不过这种球的恢复系数比较大（象牙的恢复系数 $e = \frac{8}{9}$）。

然而，木槌球的恢复系数却很小（$e = 0.5$），因此碰撞后的结果跟上面说的不一样。两个球碰撞后虽然也会继续运动，但速度不同，去撞的球要跟随在被撞的球后面，具体细节可以通过物体碰撞的公式来解释说明。

设恢复系数是 e。上一节内容中，我们计算两个球碰撞后的速度 v_1 和 v_2，分别为 $v_1 = （1+e）u - ev_1$；$v_2 = （1+e）u - ev_2$。跟上节内容中的计算公式一样

$$u = \frac{m_1 v_1 + m_2 v_2}{m_1 + m_2}$$

在本节中，对于木槌球来说，$m_1 = m_2$，$v_2 = 0$。代入式子中得到

$$u = \frac{v_1}{2}；u_1 = \frac{v_1}{2}（1-e）；u_2 = \frac{v_1}{2}（1+e）$$

由此，不难得出

$$u_1 + u_2 = v_1；u_2 - u_1 = ev_1$$

现在我们就能准确地预知两个相撞木槌球的命运了：去撞的球的速度在两个球之间做了如此的分配，让被撞的球运动得比去撞的球快，所快的程度是去撞的球的原来速度乘 e 得出的数值。

举例来说，假设 $e = 0.5$，此时在碰撞前静止的球，要取得去撞的球的原来速度的 $\frac{3}{4}$，而去撞的球本身却跟在被撞的球后面，只有原来速度的 $\frac{1}{4}$。

5 力从速度而来

俄国作家托尔斯泰在他写的《读本第一册》一书中，在"力从速度而来"这个题目下方说了这样一个故事：

一次，火车正在疾驰，突然在铁路和马路的交叉处，一匹马拉着载有重物的大车过来，不幸的是当走到铁路上时，车轮脱落了，赶车的人拼命想牵走马匹，推动大车离开，可惜却一点办法都没有。乘务员看到就喊火车司机"快点刹车"。但火车司机像是没有听见一样，依然前行，不但如此，而且还把火车提升到最快的速度向大车和马匹撞去。赶车的人见状，吓得赶紧逃离了铁轨，而火车迅速地驶过，把大车和马匹像木片一样撞飞到一旁，火车自身却没有受到震动损伤，继续开走了。过后，司机对乘务员说："现在我们只是撞死了一匹马和撞坏一辆大车，如果我听你的话，我们自己就会受到损伤，全体乘客都会遭难。在快速行驶的时候，火车能把大车撞开，而自己不受损伤，如果用低速行驶撞上去的话，火车就会有脱轨的危险。"

力学原理能解释这个现象吗？这是两个不完全弹性物体的碰撞。被撞的物体（大车）在撞击前是静止不动的。假设用 m_1 和 v_1 表示火车的质量和速度，大车的质量和速度用 m_2 和 v_2（$v_2=0$）表示，运用我们已经演算过的公式

$$u_1=(1+e)\,u-ev_1,\quad u_2=(1+e)\,u-ev_2$$

$$u=\frac{m_1v_1+m_2v_2}{m_1+m_2}$$

把后面这个式子的分子、分母用 m_1 除，得出下面这个式子

$$u=\frac{v_1+\dfrac{m_2}{m_1}v_2}{1+\dfrac{m_2}{m_1}}$$

然而，大车的质量与火车的质量的比值 $\frac{m_2}{m_1}$ 非常小，可以忽略不计，当作零的话，那么

$$u \approx v_1$$

把这个结果代入第一个式子，可得 $u_1=(1+e)v_1-ev_1=v_1$。

结果显示，火车在碰撞后仍然按照原来的速度疾驰，车里的乘客并没有感觉到任何震动（感受不到速度的改变）。

至于大车会如何呢？它在被撞后，速度 $u_2=(1+e)u=(1+e)v_1$，比火车速度还大 ev_1。两车相撞前，火车的速度 v_1 越大，相撞后大车得到的速度就越大，车子被毁掉时受到的碰撞力也越大。这一点有着非常重要的意义：要想使火车避免事故，必须要克服大车的摩擦，如果碰撞的能量不够，大车就成了停留在铁轨上的障碍物，会造成严重后果。

火车司机把车速提高，是完全正确的做法：因为这样做了，火车本身不会受到震动，却能把大车从铁轨上撞开。当然，也要注意到一点，托尔斯泰这篇故事中的火车，是指在他那个时代速度比较慢的火车。

6 受得住铁锤锤击的人

我们看杂技表演时，会有这样的项目，相信即使是有很高修养的人也会对这个项目记忆深刻的。表演时，演员平躺在地上，胸脯上放一个沉重的铁砧，旁边有两个大力士高高抡起大铁锤，向铁砧上用力击打（图55）。

人们会感到非常惊奇，一个人，是如何承受这样的震动，而毫发无伤的呢？

然而，弹性物体的碰撞定律告诉我们，铁砧比铁锤重得越多，铁砧在碰撞时所得到的速度就越小，进而，人感知到的震动就越轻。

图 55

下面是弹性物体碰撞时被撞物体的速度公式

$$u_2 = 2u - v_2 = \frac{2(m_1 v_1 + m_2 v_2)}{m_1 + m_2} - v_2$$

其中 m_1 是铁锤的质量，m_2 是铁砧的质量，v_1 和 v_2 分别表示它们在相撞之前的速度，这里的 $v_2 = 0$，因为在被撞之前，铁砧是静止不动的。因此上面的式子可以写成

$$u_2 = \frac{2m_1 v_1}{m_1 + m_2} = \frac{2v_1 \times \dfrac{m_1}{m_2}}{\dfrac{m_1}{m_2} + 1}$$

如果铁砧的质量 m_2 比铁锤的质量 m_1 大很多，$\dfrac{m_1}{m_2}$ 的比值就很小，在分母中这个数值就可以忽略不计，那时的铁砧碰撞后的速度就是

$$u_2 = 2v_1 \times \frac{m_1}{m_2}$$

即铁砧的速度只有铁锤速度 v_1 的极小一部分[1]。

假设铁砧的质量是铁锤的 100 倍，它的速度就只有铁锤速度的 $\dfrac{1}{50}$。

$$u_2 = 2v_1 \times \frac{1}{100} = \frac{1}{50} v_1$$

锻工都知道，在工作实践中如果用轻锤锤击，锤击作用是不会传递到深处去的。同样道理，也说明了对于演员来说，铁砧越重越适合这种表演。而

119

这其中的困难就在于如何能够使胸部毫不损伤地承受这一重量。这就要求把铁砧下面做成特殊形状，让它可以在比较大的面积上贴着人体，而不是只有几个不大的地方接触。那时候铁砧的重量分布在比较大的面积上，每平方厘米分得的重量就已经很小了。再在铁砧的底部和人体之间加一层衬垫，也是很有帮助的。

演员没必要在铁砧的重量上对观众进行欺骗，但是在铁锤的重量上倒是可以利用一下视觉欺骗性，这样会有一定的好处。也许正是因为这个缘故，杂技团的铁锤并不像看上去的那么沉重。如果它是一个空心的，那么它敲击下去的力量，在观众眼里不会因此减小，但真实情况却是铁砧的震动会随着铁锤质量的减轻而成比例地减弱。

①这里我们把铁锤和铁砧看成是完全弹性物体了。读者如果把它们看成不是完全弹性的，通过演算最后得出的结果，也并没有多大的改变。

第七章

略谈强度

1 能否用金属丝测量海洋的深度

海洋的平均深度大约4 000米，在个别地点，深度会比这个数值大一倍，甚至更多。前面的章节中，就介绍过海洋的最大深度大约是11 000米。要想实地测量这个深度，需要垂下11 000米以上长度的金属丝，而这么长的金属丝本身也会有重量，它会不会在自重的作用下断掉呢？

这是一个很有意思的问题，计算就可以证明这个提问很是恰当。以11 000米长的铜线为例子。用 D 表示铜丝的直径（以厘米计算），它的体积应该为 $\frac{1}{4}\pi D^2 \times 1\ 100\ 000$（立方厘米）。每1立方厘米的铜，在水中的质量大约为8克，因此，这条铜线在水中的质量是

$$\frac{1}{4}\pi D^2 \times 1\ 100\ 000 \times 8 = 6\ 908\ 000D^2 \text{（克）}$$

假设铜线的直径是3毫米，那么 $D=0.3$（厘米），铜丝在水中的质量则为621 000克，即621千克。这样细的铜线能够经受得住大约0.6吨重的负载吗？接下来，我们要暂时离开这个题目，用一些篇幅来说说让金属丝和杆断裂的力的问题。

力学中有个分支，叫"材料力学"，它会告诉我们使金属丝或者杆断裂的力的大小，与金属丝或杆的材料、截面大小和施力的方法有关。这里面说的跟截面的关系算是比较简单的，截面积增加多少倍，需要用来使金属丝或者杆断裂的力就增加多少倍。至于跟材料的关系，这里用实验已经确定好了的，当杆的截面积是1平方毫米时，拉断各种材料制成的杆需要多大的力，在各种工程手册上都会罗列这个力的数值表。这个也被称为抗断强度表。图56就是用实物表示的这种表。从这个表中可以看出，拉断一根铅丝（截面积1平方毫米）需要2克力，拉断一根同样粗细的铜丝需要40千克力，拉断一

根青铜丝则需要 100 千克力，等等。

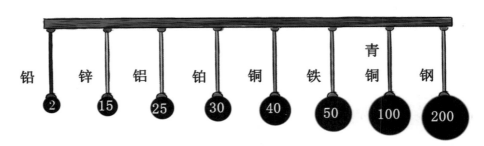

图 56

但是，在工程上决不允许有杆件受这么大的力作用。不然的话，这个结构会很不牢固。只要材料上有细小的，甚至是肉眼看不到的缺陷，由于震动或者温度的改变而产生极小的过负载，那样杆件就会断裂，整个结构就会受到破坏。因此，一定要限定一个"安全系数"，使作用力只达到断裂负载的几分之一——比如是 $\frac{1}{4}$、$\frac{1}{6}$、$\frac{1}{8}$，视具体的材料和工作情况而定。

现在，再回到本节开头的运算上来。要想拉断直径为 D 厘米的铜丝，需要多大的力呢？它的截面积是 $\frac{1}{4}\pi D^2$ 平方厘米或是 $25\pi D^2$ 平方毫米。从图 56 的表中可以查到，截面积 1 平方毫米的铜线，要用 40 千克力才能拉断。那么，要使截面积是 $25\pi D^2$ 平方毫米的铜线断掉，需要 $40 \times 25\pi D^2 = 1\,000\pi D^2 = 3\,140D^2$（千克力）。

根据前面的计算，铜线本身一共有 $6900D^2$ 千克重，比需要拉断它所用的力，大了一倍多。因此，就可以得出，即使不说什么安全系数的问题，铜线自身也不可能用来测量海洋的深度，因为超过 5000 米长的时候，它就会在自重的作用下断掉了。

2 金属丝的极限长度

一般情况下，每一根金属丝都有一个极限长度，超过了这个长度就会在自重的作用下断掉。一条悬垂线不可能有任意的长度，它的长度有一个不能超越的极限。即使加粗金属丝也是没用的，因为直径加倍了，固然能让它经受得住 4 倍的重量，但是它的重量也增加到了 4 倍。这个极限长度，与粗细无关，只看金属丝是什么材料制成的。对于铁，它有个极限长度；对于铜，它有另外一个极限长度；对于铅，又是另一个极限长度了。要想计算这个极限长度，并不困难，读者已经做了上一节的演算后，就会很自然地明白。假如金属丝的截面积是 s 平方厘米，长 L 米，金属丝材料每 1 立方厘米的重为 ρ 克，那么整根金属丝的质量就是 $100sL\rho$ 克；它能经受得住的重量是 $1\,000Q \times 100s = 100\,000Qs$（克），其中 Q 表示在 1 平方毫米截面积时的断裂负载（用千克计算）。因此，在极限情况下

$$100\,000Qs = 100sL\rho,$$

从而，计算出极限长度是 $L = \dfrac{1\,000Q}{\rho}$（米）。

利用这个简单的式子，就能很容易计算出各种材料的金属丝或线的极限长度。上一节已经计算了铜线在水里的极限长度，而在水外的极限长度比这还小，是

$$\frac{1\,000Q}{\rho} = \frac{40\,000}{9} \approx 4\,400 \text{（米）}。$$

下面是另外几种金属丝的极限长度。

铅丝··························	200 米
锌丝··························	2 100 米
铁丝··························	7 500 米
钢丝··························	25 000 米

当然，实际中不可能用这种长度的悬垂线，因为这会使它们受到不允许的负载。实际中，只允许它们承受断裂负载的一部分，比如，对于铁丝和钢丝来说，只能使它们最多承受断裂负载的 $\frac{1}{4}$。因此在实际中使用悬垂线时，铁丝一般不会超过 1 875 米长，钢丝不会超过 6 250 米长。

如果是把 $\frac{1}{8}$ 金属丝垂到水中，对于铁丝和钢丝来说，这个极限长度就可以增加 $\frac{1}{8}$。但是，这样也不能达到最深的海底。要想测量，需要用特种牌号的坚固的钢丝[1]。

①现在不会用金属丝来测量海洋的深度，可以用海底回声来测量海底深度（回声测深法）。

3 最强韧的材料

在抗张强度特别高的材料中，有一种材料叫镍铬钢，如果想把截面积 1 平方毫米的镍铬钢丝拉断，需要用 250 千克力。

为了更好地理解这个概念，可以看一下图 57 中所示，一根这样的细钢丝（直径比 1 毫米略粗些）能够承受一只肥猪的重量。测量海洋深度的金属丝就是用这种钢丝制成的，这种钢每 1 立方厘米在水中重 7 克，此种情况下，每 1 平方毫米允许的负载是 $250 \times \frac{1}{4} = 62$（千克，安全系数 4），因此，这种钢丝的极限长度是

$$L = \frac{1\,000 \times 62}{7} \approx 8\,800 \text{（米）}$$

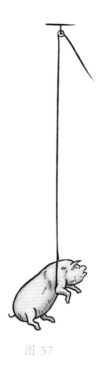

图 57

但是海洋最深的地方要比 8 800 米深很多，因此只能采用安全系数比较小的，这样才能十分小心地使用这种钢丝探测，以便达到最深的海底。

用放风筝的方式做高空探测也是一样的道理。在风筝上放上自己的仪表，当风筝升高到 9 000 米或者更高时，此时的钢丝不但要经受自身的张力，还要承受住风对钢丝和风筝的压力。

4 头发有多么强韧

人的头发能比什么强韧呢？乍一看，它也只能跟蜘蛛丝相比较了。但事实上，头发要比许多金属丝更强韧。人的头发丝虽然只有 0.05 毫米粗细，却能承受 100 克的质量。我们可以来计算一下，截面 1 平方毫米的头发能够承受的质量是多少。直径是 0.05 毫米的圆，面积是

$$\frac{1}{4} \times 3.14 \times 0.05^2 \approx 0.002（平方毫米）$$

即为 $\frac{1}{500}$ 平方毫米。换句话说，就是 $\frac{1}{500}$ 平方毫米的面积上可以承受 100 克的质量。那么 1 平方毫米面积上应该可以承受 50 000 克，即 50 千克重。从第一节内容的图 56 中可以知道，人的头发在强度上算，应该排在铜和铁之间。所以，头发比铅、锌、铝、铂、铜更强韧，只不及铁、青铜和钢。

你会发现女子的发辫也有着惊人的承受力。根据计算我们可以知道，200 000 根头发的承受力可达 20 吨，相当于一辆满载的卡车的质量（图 58）。

图 58

因此，如果你相信小说《萨兰博》中作者的话，说古代迦太基人认为妇女的发辫是做投掷机牵引绳的最好材料，这也不是没有什么道理的。

5 自行车架为什么用空心管

假如管子的环形截面在面积上与实心杆的截面相等，那么管子和实心杆做比较，在强度上有什么特别的优点呢？关于这个问题，如果只是说抗断和抗压强度的话，那是一点特殊优点都没有的，拉断或者压裂管子和杆，所需要的力没什么不同。但是如果说是在抗弯的强度上，两者的区别就大了。比如，弯曲一段杆和一段环形截面积跟杆截面积相等的管子，结果是弯曲一段杆要容易得多。

针对这一点，强度科学的奠基人伽利略早就说过了。下面引用伽利略著作里的一段，还请读者们不要责怪我对这位卓越学者的过分偏爱。在伽利略写的《关于两门新科学的对话》中说："我想再说几点关于空心或者中空的固体在抗力方面的意见，人类的技艺（技术）和大自然都在尽情地利用这种空心的固体。这种物体，可以在不增加重量的情况下提高它的强度。这一点可以从鸟的骨头和芦苇上发现，它们的重量很小，但有极强的抗弯和抗断力。麦秆支撑麦穗的重量，要超过整棵麦茎的重量，假如麦秆用同样分量的物质把空心的生成实心的，它的抗弯和抗断力就会大大减弱。曾经也在实践中证实了，空心的棒以及木头和金属管子，要比同样长短、同样重量的实心物体更加坚固，当然，实心的要比空心的细一些。人类利用技艺，把观察到的结果应用到制造各种东西上，把一些东西制成空心的，使它们坚固又轻巧。"

如果我们再进一步研究，看看当梁被弯曲时所产生的应力会如何，就能明白为什么空心的物体要比实心的更坚固。假设梁 *AB* 两端被支起来，中间受到重物 *Q* 的作用（图58）。在重物的作用下，梁会向下弯曲，此时会发生什么变化呢？梁的上半部被压缩了，下半部反而被拉伸了，而中间层（所谓"中立层"）既没有拉伸，也没有被压缩。在被拉伸的部分，产生了反抗拉伸的弹性力;在被压缩的部分，产生了反抗压缩的弹性力。这两个力都想使梁恢复原来的形状。这个抗弯力随着梁的弯曲程度而加大（假设不超出所谓"弹性极限"的话），一直等到与 Q 力所产生的拉伸力和压缩力相等为止，这个时候梁的弯曲也就停止了。

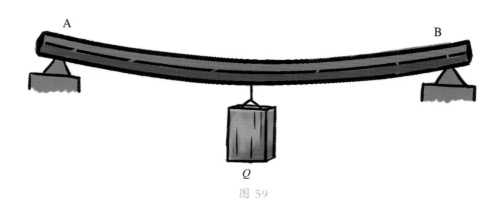

图 59

从这个例子中可以看出，对弯曲有最大反抗作用的是梁的最上一层和最下一层，中间各层，距离中立层越近，这个作用就越小。

因此，梁的截面形状最好是使大部分材料距离中立层越远越好。比如说，工字梁和槽梁（图 60）上的材料就是按照这个分布的。

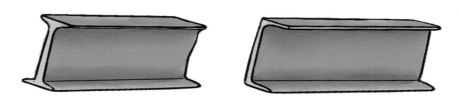

图 60

尽管是这样，梁壁也不能太单薄了，应该保证两个梁面不会互相变动位置，并且保证梁的稳定性。

从节省材料上来说，比工字梁更完善的形式是桁架（图 61）。桁架上全部除去了接近中立层的材料，并且变得比较轻便。图 61 中，把杆 a，b，...，i 用弦杆 AB 和 CD 连接起来，代替整块材料。读者通过前面的内容就可以知道，在负载 F_1 和 F_2 的作用下，上弦杆要被压缩，下弦杆却要被拉伸。

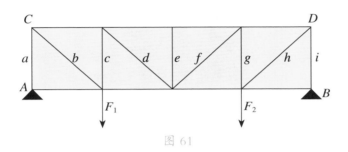

图 61

现在，相信读者已经明白管子比实心杆的优越性了。这里我再加上一些数字来说明一下，假设有两根同样长短的圆形梁，一根是实心的，一根是空心的管子。管子的环形截面积跟实心梁的相等。两根梁的质量也相等。但是它们之间的抗弯力差别却很大：通过计算，我们知道，管子梁在抗弯力上要比实心梁大 112%，也就是大一倍以上。

6 七根树枝的力学原理

伙伴们，一把笤帚，如果把它解开，你能把枝条一根根折断，如果是系好在一起的呢，看你还能不能把它折断。

——绥拉菲莫维支《在夜晚》

大家都知道七根树枝的寓言：父亲为了使儿子们和睦地一起生活下去，把七根树枝捆成一捆，让他们折断这捆树枝，儿子们一个个试过，都失败了。这时父亲把这捆树枝拿过来，把它拆散，非常容易地一根根折断了。

如果从力学的观点——从强度的观点——看这个寓言故事，做一番研究也很有趣。

在力学中，杆的弯曲大小是用"挠度"X（图62）来度量的。杆的挠度越大，离折断的时间就越近。挠度的大小可用下列式子表示：

$$挠度\ X = \frac{1}{12} \times \frac{Pl^3}{\pi E r^4}$$

其中，P 是作用在杆上的力；l 是杆的长度；E 表示杆的材料弹性质量；r 是圆杆半径。

图 62

可以把这个公式用在上面说的树枝上。树枝捆中的七根树枝的位置大约如图63所示，这一束树枝，在图上表示了它的一个端面。我们还可以把这捆树枝看成是一个实心杆（前提是要把这些树枝捆得相当紧凑），虽然只是一个大致的样子，但我们并不要求很精确的答案。

图 63

从图上看，这捆树枝的直径等于一根树枝的三倍。下文将会说明，弯曲（折断也是一样）个别的树枝，要比弯曲（折断）整捆树枝容易得多。这两种情况中，要想得出一样的挠度，对于一根树枝花费的力量是 p，对于整捆树枝来说要花费的力量是 P，p 和 P 之间的关系可以写成

$$\frac{1}{12} \times \frac{Pl^3}{\pi E r^4} = \frac{1}{12} \times \frac{Pl^3}{\pi E (3r)^4}$$

从而推出

$$p = \frac{P}{81}$$

由此可以看出，虽然父亲要花费七次力量，但是每次所花的力量却只等于每个儿子所花力量的 $\frac{1}{81}$。

1 关于"功的单位"的一些知识

"千克力米是什么意思？"

一般你都会得到这样的答案："千克力米是指把 1 千克物体提升到 1 米高度所做的功。"

这样来解释功的单位，许多人认为是已经非常详尽的了。如果再加上一句，说这个提升是在地面上进行的，就更加完善了。但是，如果你也对此毫无异议，那么针对下面的问题，你就要好好研究一下了。

"一门大炮，炮膛长 1 米，竖直地向空中射出 1 千克重的炮弹，炮膛里的火药一共只在 1 米的距离上起作用。因为炮弹在射出后整个过程的其余部分，气体压力为零，这些气体自然是把 1 千克的炮弹提升到 1 米高度，即一共只做了 1 千克力米的功。难道大炮所做的功只有这么小吗？"

如果这是真的话，即使不用火药，也可以用手把炮弹抛向高空了。很明显，这里边一定有什么错误被忽略了。

到底是什么错误呢？

错误之处就在于，我们在考虑所做的功的时候，只注意到了这个功比较小的部分，而忽略了最主要的部分。我们没有考虑到，炮弹从炮膛出来到终点时，有了速度，而这个速度是炮弹在发射前没有的。也就是说，火药做的功，不但是让炮弹提升了 1 米的距离，还表现在给炮弹一个极大的速度上面。刚才恰恰没有考虑到这一部分功，如果加上炮弹速度，就很容易求出真正的功来了。假设炮弹速度是 600 米 / 秒，即 60 000 厘米 / 秒，当炮弹质量是 1 千克（1 000 克）时，炮弹的动能为

$$\frac{mv^2}{2} = \frac{1\,000 \times 60\,000^2}{2} = 18 \times 10^{11} \text{（尔格）}$$

尔格是达因厘米（一达因力推动物体移动 1 厘米所做的功）。由于 1 千克力米大约等于 $1\,000\,000 \times 100 = 10^8$（达因厘米），因此炮弹的动能是

$$18 \times 10^{11} \div 10^8 = 18\,000（千克力米）$$

由此可见，仅仅是对于千克力米定义的不正确解读，竟然忽略了这么大一部分功。

对于这个定义如何补充，相信现在应该有了很清晰的解释：千克力米是指在地球表面上提升 1 千克静止的重物到 1 米高度时所做的功。这里还要强调一个条件，即提升到最后，重物的速度应该等于零。

2 怎样产生 1 千克力米的功

让我们把 1 千克砝码提升到 1 米的高度，这应该不是个困难事。可是，我们究竟要用多大的力量来提这个砝码呢？用 1 千克力肯定提不起来，得用比 1 千克力大的力才行：提起的力是要超过 1 千克力砝码重量的力。但是，持续作用的力会让提升起来的重物产生加速度，砝码在被提起到末了之后，会有一定的速度，而且这个速度不会是零——也就是说，所做的功也不是 1 千克力米，而是比 1 千克米力多些。

那么，如何才能做到，使 1 千克砝码提升 1 米的时候，恰好做出 1 千克力米的功呢？你可以这样提升砝码：在最初提起时，要用比 1 千克力大一些的力从下面向上推砝码，这样就给砝码一个一定的、向上的速度，继而就要减少手的压力，让砝码运动慢下来。手停止向砝码加力的时机要选得恰到好处，让砝码运动慢下来后，恰好它的速度变成了零，而且也完成了它 1 米的运动路程。这样的话，就不是向砝码加一个大小不变的力，而是一个大小变换的力，这个力先要比 1 千克力大，后要比 1 千克力小，这样就可以做出恰好是 1 千克力米的功。

3 怎样计算功

上一节内容中，我们已经知道了，要提升 1 千克重物到 1 米高，而且要恰好做出 1 千克力米的功是一个非常复杂的事情。因此，最好办法就是不要采用这个千克米的定义去衡量，定义看起来简单，实际上却很难让人明白。

下面要说的这个定义就比它简单多了，而且还不会产生误解。千克力米表示 1 千克力在 1 米的路程上所做的功，假设这个力的作用方向和位移方向是一致的。

这里后一个条件——方向一致——是非常必要的。如果忽略了这个条件，后面计算功时就会产生极大的错误。

如果我们想比较发动机的工作能力，就比较它们在相同的时间内所做的功。时间的单位要按秒来计算，这样会很容易些，因为，在力学里有个度量工作能力的名词，叫功率。而这个发动机的功率就是指，发动机在 1 秒钟内所做的功。在工程上，功率的单位有每秒千克力米（1 千克力米 / 秒）和马力两种，1 马力等于 75 千克力米 / 秒。

现在演算下面这个题目，算是一个例子吧。

一辆重 850 千克的汽车，在笔直的水平道路上，以 72 千米 / 小时的速度行驶，求汽车的功率是多少。假设行进过程中受到的阻力是汽车重量的 20%。

首先，要求出使汽车行进的力。在匀速运动时，这个力跟阻力相等，即

$$850 \times 0.2 = 170 \text{（千克力）}$$

以米 / 秒为单位的汽车速度是

$$\frac{72 \times 1\,000}{3600} = 20 \text{（米 / 秒）}$$

因为产生运动的力的方向和运动的方向相同，所以，力乘以每秒钟走的路程，就求出汽车在 1 秒钟里所做的功，即汽车的功率是

$$170（千克力）\times 20（米/秒）=3\ 400（千克力米/秒）$$

换算成马力的话，大约是

$$3\ 400 \div 75=45.33（马力）$$

①有的读者可能会提出这样的意见：即使在这种情况下，物体在路程结束时仍然会有一定的速度也应该要考虑进去。仿佛认为 1 千克力在 1 米路程上所做的功也比 1 千克力米大。说这个物体在路程末了具有一定的速度，是完全正确的。然而，力所做的功就是要给物体一定的速度，让它保有一定的动能——这个动能恰好是 1 千克力米。如果不是这样的话，那就破坏了能量守恒定律，所得到的能量比所消耗的能量小。至于把物体竖直提升，则是另外一回事了：把 1 千克的重物提升到 1 米高时，位能增加到 1 千克力米，如果物体还能取得一定的动能，那结果所得到的能就不止 1 千克力米了。

4 宇宙火箭的运行速度

假设有一支强力火箭，在一定高度上，介质阻力微不足道，当发动机终止工作时达到一个很大的、竖直上升的速度，离开了地球远去。

如果没有地球引力，火箭将会在惯性作用下以不变的速度向宇宙空间前进。就因为有地球的引力，火箭的速度会逐渐慢下来。对于星际飞行，很重要的一件事是研究火箭离开地球后速度减低的情况。

众所周知，任何运动体都具有动能，假设用 v_0 表示火箭在 A 点当发动机

关闭时的速度，火箭质量是 m，那么它的动能是 $\dfrac{mv_0^2}{2}$。

为了方便理解和说明，假设 A 点就在地球表面上（图 64）。经过很短的一段时间后，火箭离开了地球表面一段距离 h，到达 B 点。此时火箭的动能比一开始时减少了一些，因为使火箭升高消耗了一部分能量，这是为了克服地球引力所做的功（暂时不去考虑介质阻力的影响，因为事实上，火箭的发动机是在火箭穿越了大气层后才关闭的）。B 点的速度 v_1 一定小于 v_0。减少的动能为

$$\frac{mv_0^2}{2} - \frac{mv_1^2}{2}$$

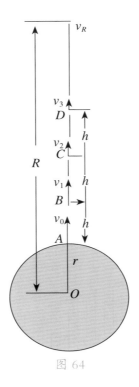

图 64

根据万有引力定律，A、B 两点的地球引力分别是

$$F_A = \gamma \frac{mM}{r^2}, \quad F_B = \gamma \frac{mM}{(r+h)^2}$$

式中 γ 为引力常数，如果用图表示，恒力 F 在距离 h 所做的功就如图 65 中阴影线所示的矩形面积。这个矩形面积等于两个边长的乘积 Fh，根据定义，这就是力 F 在距离 h 上所做的功。

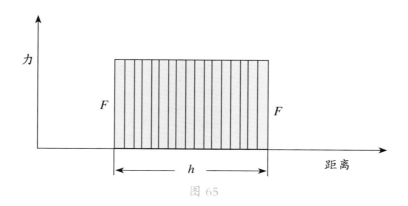

图 65

但是在我们现在的题目中，F_A 和 F_B 的值不相等，因此克服地球引力的功在数值上应该相当于图 66 所示，是一个梯形的面积[1]。

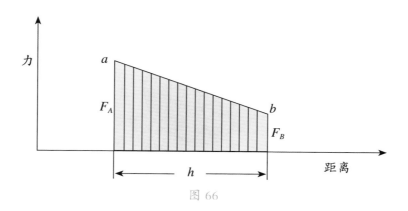

图 66

$$\frac{F_A + F_B}{2} h = \gamma \frac{mM}{2} \left[\frac{1}{r^2} + \frac{1}{(r+h)^2} \right] h$$

这个式子中，括号里的式子可以改写成另外一个形式

$$\frac{1}{r^2} + \frac{1}{(r+h)^2} = \frac{r^2 + 2rh + h^2 + r^2}{r^2(r+h)^2}$$

因为 h 极小，h^2 的值就更小了。就算把分子中的 h^2 删除，结果也不会有太大误差，而式子就变成了

$$\frac{1}{r^2} + \frac{1}{(r+h)^2} = \frac{2r^2 + 2rh}{r^2(r+h)^2} = 2\frac{1}{(r+h)} = \frac{2}{h} \left(\frac{1}{r} - \frac{1}{r+h} \right)$$

因此，在距离 h 中，需要克服地球引力的功等于

$$\gamma mM \left(\frac{1}{r} - \frac{1}{r+h} \right)$$

这个功，与火箭减少的动能相等，所以得出

$$\frac{mv_0^2}{2} - \frac{mv_1^2}{2} = \gamma mM \left(\frac{1}{r} - \frac{1}{r+h} \right)$$

稍微演算一下就是

$$v_0^2 - v_1^2 = 2\gamma M \left(\frac{1}{r} - \frac{1}{r+h} \right)$$

紧接着又过了一段时间，火箭到达 C 点，速度是 v_2，继续前进到达 D 点，速度是 v_2，等等。按照上面的方法，得出以下结果。

针对 BC 段来说

$$v_1^2 - v_2^2 = 2\gamma M \left(\frac{1}{r+h} - \frac{1}{r+2h} \right)$$

针对 CD 段来说

$$v_2^2 - v_3^2 = 2\gamma M \left(\frac{1}{r+2h} - \frac{1}{r+3h} \right)$$

根据上面计算出来的式子，把 AB、BC、CD 各段得出的等式相加，并把得出的方程式左右两边的同类项合并，得出 AD 段的关系式

$$v_0^2 - v_3^2 = 2\gamma M \left(\frac{1}{r} - \frac{1}{r+3h} \right)$$

显然，当火箭离开地心的距离是 R，即离开地球表面 $R-r$ 时，上面的式子就可以写成

$$v_0^2 - v_R^2 = 2\gamma M\left(\frac{1}{r} - \frac{1}{R}\right)$$

上面的式子中，v_R 表示火箭距离地心的距离是 R 时的速度。

因为 $\gamma M = gr^2$（参考第五章第二节内容），那么

$$v_0^2 - v_R^2 = 2gr\left(1 - \frac{r}{R}\right)$$

式中，g 是地球表面上的引力加速度。根据这个式子，如果知道了初速度 v_0，就可以求出距地心任意距离 R 的火箭速度。这个公式不仅适合于竖直上升的火箭，对于初速度的方向并不完全是竖直的（因为飞行路线必然是曲线形式），这个公式也是完全适用的。要想做出严格证明比较困难，而我们却可以举例来论证它是适用的。

跟直线位移 s（图 67 左）成 α 角的方向上的力所做的机械功，可以用下式算出

$$a = Fs\cos\alpha$$

如果力 F 与位移 s 是同一方向（图 67 右），那么 $\alpha = 0$，$\cos\alpha = 1$，它所做的功为

$$A = Fs$$

图 67

假设有一个重物，重量是 P，它从 M 点沿直线提高到 N 点（图 68）。此时，为了克服物体重力所做的机械功为

$$A = P \cdot \overline{MN}\cos\alpha$$

从图中三角形 *MNK* 可知，$\overline{MN}\cos\alpha=\overline{MN}$。所以，功 $A=P\cdot\overline{MN}$，也就是说，做这个机械功跟把重物竖直提升到 *MK* 的高度时所做的功相同。因此，如果 *K*、*N* 的高度位置相同，无论是沿着 *MN* 运动，还是沿着 *MK* 运动，所做机械功的值都是相同的。

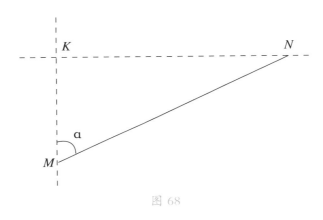

图 68

上面说的这个例子，是在一般规律下的个别情况：克服物体地球引力所做的机械功，只决定于物体位置的高度差，而与物体运动路线的形状无关。所做的机械功的值等于物体重量和物体高度差的乘积。之所以说这个结果是在一般规律下的情况，是因为这个结论只是对物体在地球表面附近运动，并且把地球表面当作平面看待的时候才适用，此时的物体重量可以看成是不变的。假如再考虑到地球是一个球体，按照万有引力定律，地球引力随着距离的变动而变化，那么把一个物体从地球表面提升到一定高度，所要消耗的功为

$$A=\gamma mM\left(\frac{1}{r}-\frac{1}{R}\right)$$

式中，γ 是引力常数，m 是物体质量，M 是地球质量，r 是地球半径，R 是地心和物体所到达的点之间的距离。这个功与火箭减少的动能相等，这样我

们就能得到跟竖直上升的情形相同的计算火箭到达距离 R 时速度的公式

$$v_0^2 - v_R^2 = 2gr\left(1 - \frac{r}{R}\right)$$

①随着高度的增加，地球引力的减小并不是均匀的，所以图 66 中的 ab 线实际上是一条曲线，但是由于 h 非常小，所以 ab 几乎跟直线就差不多了。

5 第二宇宙速度

设想一下：假如我们想要火箭永远地飞离地球，不再返回，火箭的初速度 v_0 需要达到多大呢？因为火箭离地球越远，速度就会越小，我们可以再设定一个条件：假设火箭在"无穷远"的地方速度等于零。根据我们在上节演算出的公式，在这里，R 为无穷大（$R=\infty$），当火箭到达终点（"无穷远"处）时的速度为零（$v_R=v_\infty=0$），把这两个数值代入式子，就会得到

$$v_0^2 = 2gr$$

因此得出

$$v_0 = \sqrt{2gr}$$

上面推算出来的公式，就是所谓的逃逸速度或者叫脱断速度，这些速度的方向如果跟竖直线形成一定的角度，那么火箭飞出的轨道曲线就叫作抛物线，因此脱断速度又叫作抛物线速度。

如果我们把抛物线速度与圆周速度的两个公式进行比较，就能得出，抛物线速度恰好是圆周速度的 $\sqrt{2}$ 倍。那么抛物线速度在地球表面就等于 $7.9 \times \sqrt{2}$（千米 / 秒）=11.2（千米 / 秒）。这就是所谓的第二宇宙速度，只要火箭具备了这个速度，就会永远离开地球。但是，在实际中，它还是不能飞

到无穷远，因为在它飞离地球一定距离时（大约百万千米），就会到了太阳引力的范围内，变成了太阳的"卫星"——人造行星。

6 第三宇宙速度

火箭如何克服地球引力和太阳引力的作用呢？要想达到这一点，火箭必须达到更大的速度，这个速度大到超过了第二宇宙速度。那时候，没有太阳引力，火箭脱离地球飞向无穷远时所走的轨道，就不是抛物线了，而是另外一种轨道——双曲线。即使火箭的速度会降低，但是就算到了无穷远处也不会变成零，而是依照下面的式子变化（参考前面内容中所说的宇宙火箭的速度公式）

$$v_R^2 = v_\infty^2 = v_0^2 - 2gr$$

式中的 $2gr$ 其实就是抛物线速度的平方，因此

$$v_\infty^2 = v_0^2 - v_{抛}^2$$

由此，大体上我们可以这样认为：在距离地球百万千米远的地方，火箭相对于地球的速度等于火箭在"无穷远处的剩余速度"。这个看法是不会有很大错误的。

要想让火箭在百万千米外脱离太阳引力的束缚，就需要比跟太阳作相对来说的速度高很多，至少应该等于跟太阳相对来说的抛物线速度。

而这个抛物线速度并不难算出。把地球绕太阳公转的轨道速度当作地球和太阳之间的平均距离上的圆周速度（地球的椭圆轨道跟圆周相差不大），这个速度是 29.8 千米 / 秒。因此，把这个圆周速度乘 $\sqrt{2}$，就会得出跟太阳相对来说的抛物线速度：$29.8 \times \sqrt{2} = 42.1$（千米 / 秒）。

为了得到这个与太阳相对的速度，火箭在发射时最好能够完全利用地球绕太阳公转的速度。在火箭飞出几百万千米之外，脱离地球引力范围时，火

147

箭对于地球的速度应该是 42.1−29.8=12.3（千米 / 秒）。

这个数值表示的速度，我们可以把它当作"无穷远处的剩余速度"（v_∞），把它代入我们上面推算出的公式

$$v_\infty^2 = v_0^2 - v_{抛}^2$$

假设 $v_{抛}$=11.2 千米 / 秒，得出

$$v_0 = \sqrt{v_\infty^2 + v_{抛}^2} = \sqrt{12.3^2 + 11.2^2} = 16.7 （千米 / 秒）$$

所求出来的这个值，就是所谓的第三宇宙速度。火箭只要达到了这个速度，就能够克服地球和太阳的引力束缚，永远脱离太阳系。而这个速度也没有比第二宇宙速度大很多。

7 拖拉机的速度与牵引力

【题目】拖拉机"挂钩上"的功率是 10 马力。求在换到下列挡位（速度）时它的牵引力是多少？假设：

第一挡速度……………… 2.45 千米 / 小时

第二挡速度……………… 5.52 千米 / 小时

第三挡速度………………11.32 千米 / 小时

【解题】功率是 1 秒钟内所做的功，用千克力米 / 秒来计算，在这里它就等于牵引力（用千克力计算）与每秒所走路程（用米计算）的乘积。因此，对于"第一挡"速度，可以得到这样的方程式：

$$75 \times 10 = x \frac{2.45 \times 1\,000}{3\,600}$$

其中，x 表示拖拉机的牵引力，那么通过计算就能得出 $x \approx 1\,100$ 千克力。

同样方式，可以求出"第二挡"速度时的牵引力是 490 千克力，"第三

档"时是 240 千克力。

这个结果跟人们的"常识"正相反，竟然是速度越小时牵引力越大。

8 活体发动机和机械发动机

一个人是否能够产生 1 马力的功率呢？换句话说，一个人是否能够在 1 秒钟内完成 75 千克力米的功呢？

一般情况，一个人在正常工作条件下，功率大约是十分之一马力，即 7 ~ 8 千克力米 / 秒。但是在特定条件下，人可以短时间内产生大很多的功率。比如，当我们急匆匆奔上楼梯的时候（图 69），所做的功在 8 千克力米 / 秒以上。假设每秒钟使身体升高 6 个台阶，体重 70 千克，楼梯每阶高 17 厘米，我们所做的功为

$$70 \times 6 \times 0.17 = 71.4 （千克力米）$$

得出的结果非常接近 1 马力。当然，这样的工作人只能维持几分钟，就必须休息一下。如果把这些没有运动的时间也算在内，那我们的平均功率不超过 0.1 马力。

图 69

几年前，在短距离（90米）赛跑时，曾经发生这样的情景：运动员产生了550千克力/秒的功率，即7.3马力。

一匹马也能把自己的功率提高十倍甚至更多倍。比如说，一匹体重500千克的马，在1秒钟内完成1米高的跳跃，做的功是500千克力米（图70），这相当于

$$500 \div 75 = 6.7（马力）$$

这里还要特别强调一下，因为在实际中，1马力功率相当于一匹马的平均功率的1.5倍。因此在上面这个例子里，功率已经是提高到十倍了。

图70

活体发动机能在短时间内把自己的功率提高许多倍，这就是比机械发动机好的地方（图70）。在平坦的公路上，10马力的汽车无疑要比两匹马的马车好很多。但是，在沙地上，汽车会陷入沙土里，而两匹马在需要的时候会产生15马力或者更大的功率，因此能够克服陷入沙地的阻碍。

图 71

有个物理学家曾经针对这个事情说过："从某些观点来看，马确实是很有用处的机器，它的效能在汽车没有发明之前还不太明显，一般的马车都是只套上两匹马。而汽车，为了不在一个小丘前被停下来，一定要套上至少 12 到 15 匹马。"

9 一百只兔子和一只大象

在我们比较活体发动机和机械发动机时，还要注意一点事实，这一点非常重要：几匹马的力量并不是简单的算术加法合在一起。两匹马一起拉一个物体时，力量要比一匹马拉这个物体的两倍小，三匹马一起拉的时候，也比一匹马的三倍小，等等。之所以产生这种现象，是因为拴在一起的几匹马，用力并不协调，有时还会互相妨碍。实验证明，不同数目的马匹套在一起，它们的功率如表 2 所示。

表2　不同数目的马匹套在一起的功率

套在一起的马数	每匹马的功率 / 马力	总功率 / 马力
1	1	1
2	0.92	1.9
3	0.85	2.6
4	0.77	3.1
5	0.7	3.5
6	0.62	3.7
7	0.55	3.8
8	0.47	3.8

从表2中可以看出，套5匹马共同工作，所产生的牵引力并不是一匹马的5倍，而是3.5倍，8匹马所产生的力量只是一匹马的3.8倍，如果再继续增加马匹数，成绩还会更差。

从而，我们知道，一部10马力的拖拉机，在实际运用中是一定不能用15匹马来代替的。

一般来说，不管是多少匹马也不能代替一辆即使是马力相当小的拖拉机。

法国人有一句俗语："一百只兔子是变不成一只大象的。"我们可以改变一下说法，来说明这个问题："一百匹马代替不了一台拖拉机。"

10　人类的"机器奴隶"

我们的周围有很多机械发动机，但是我们并不能很好地了解我们的"机器奴隶"的威力。列宁把机械发动机叫作"机器奴隶"，真是最恰当不过了。

机械发动机比活体发动机之所以好，首先它在很小的体积里面集中了巨大的功率。在古代，人们所知道的最强大的"机器"，只有马或者大象。那个时候想要加大功率，只有增加牲口的数量。能够把很多马工作的能力结合在一个发动机里，这是在利用新时代的技术所解决的问题。

在 100 多年前，20 马力的蒸汽机是最强马力的机器，可是它足有 2 吨重。每 1 马力要平均到 100 千克的机器质量上。为了理解方便，我们让 1 马力的功率和一匹马的功率相同。那么，对于马来说，每马力折合 500 千克质量（马的平均重量），而对于机械发动机来说，每马力大约合 100 千克质量。蒸汽机就相当于把 5 匹马的功率集合到 1 匹马的身上一样。

现代 2 000 马力的机车重 100 吨，它的每马力质量就更小。而功率 4 500 马力的电气机车重 120 吨，每马力只合 27 千克的质量。

在这方面，有很大发展的是航空发动机。一部 550 马力的航空发动机只重 500 千克，每马力只合 1 千克都不到的质量[1]。从图 72 中，可以形象地看出这个比值：马头涂黑的部分表示在各种机械发动机中，一匹马力平均到的质量是多少。

图 72

比这个图还要更加清楚明白的，是图 73 中小马和大马表示钢铁"肌肉"在质量上和活牲口之间的巨大肌肉相对比。

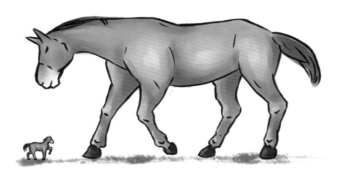

图 73

最后，图74中可以使我们明显看出一部小型航空发动机的功率和马的功率相比较：162马力发动机的汽缸容量一共只有2升。

图 74

这样的比较，在现代技术中还没有最后的结论。因为我们还没有挖掘出燃料里所含的全部能量。我们先来看看，1大卡热量里究竟蕴含多少功。1大卡是指把1千克水升高1℃的热量。如果把1大卡热量全部——就是100%——变成机械能，可以得到427千克力米的功。换句话说，它能够把427千克的重物提升1米（图75）。然而，现代的热力发动机只能把它的10% ～ 30%用到实际工作中，也就是说，这些发动机从锅炉产生的1大卡热量只能取得大约100千克力米的功，并不是理论上的427千克力米。

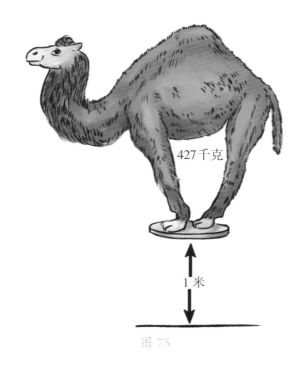

图 75

在现代各种机械能的能源当中，哪一种的功率最大呢？是人类发明的火器。

一支步枪大约重 4 千克（实际起作用的部分只有这个质量的一半），扣动扳机发射子弹时，可以产生 400 千克力米的功。粗看这个数值也不大，但是不要忘记，子弹只是在枪膛里滑动的极短时间内受到了火药气体的作用，这段时间仅有 800 分之一秒钟。发动机的功率是用每秒钟所做的功来衡量，那么如果计算一下火药气体在一秒钟所做的功，就会得出步枪发射功率了，这是一个非常大的数值：400×800=320 000（千克力米 / 秒），或者是 4 300 马力。算到这一步后，还要把这个功率用步枪起作用的部分质量（2 千克）相除，计算出的结果可知，平均到每马力只合到极小极小的质量——约合半克！可以想象，一匹半克重的小马，如同甲壳虫般大小，竟然与一匹正常的马在功率上不相上下。

我们讲的都是功率和质量的比值，如果是讲绝对功率的话，那样上面所说的这些纪录都会被大炮打破了。大炮能把 900 千克重的炮弹以 500 米 / 秒的速度发射出去（而且这还不是技术上的最终成就）。在百分之一秒里，大约产生了 1 100 千克力米的功。在图 76 中，就明显表现了这个功的巨大：它相当于把 75 吨的重物（75 吨重的轮船）提升到齐阿普斯金字塔的塔顶上（150 米）所做的功。而且这个功是在 0.01 秒里产生的，因此这个功率是 11 亿千克力米 / 秒，或者是 1 500 万马力。

图 76

图 77 中表示发射一门巨型海军炮的能量的热，可以把 36 吨冰块融化，也能很形象地说明问题。

图 77

11 不老实的称货法

在旧社会，一些不老实的商人在称量货物时，不是直接把最后用来平衡的一份货物放到秤盘里，而是从高一些的地方把它丢下来。这时候盛货物的天平一面就会倾斜下去，老实的顾客就会受此欺骗。

假如顾客能够等到天平停下来，就会发现所称的货物并不能使天平平衡。

因为，落下的物体加到着力点的压力，要比物体本身的重量大。我们可以用计算的方式，说清楚这个现象。假设有10克质量的物体，从10厘米高的地方落到秤盘上。在物体落到秤盘上时，它应该有的能量等于重量和落下高度的乘积：

$$0.01（千克力）\times 0.1（米）=0.001（千克力米）$$

这个能量消耗在了使秤盘下沉上，假定秤盘下沉了2厘米，用 F 表示此时作用在秤盘上的力。从方程式

$$F \times 0.02 = 0.001$$

得到 F=0.05 千克力 =50 克力。

从这个结果就能看出，虽然这个货物只有10克的质量，但是落到秤盘上的时候，除了自身重量外，还产生了50克力的压力。顾客离开柜台时，以为货物称量得一点都不差，但实际上却是少称了50克。

12 难倒亚里士多德的力学问题

在伽利略奠定力学基础（1630 年）之前的 2000 多年里，亚里士多德就写了他的《力学问题》，在这本著作之中，有 36 个问题，其中就有下面这样一个问题：

"假如一把斧头放在木头上，斧头上面压上重物，结果木头受到的破坏非常有限；但是如果拿掉重物，把斧头提起来，砍到木头上时，木头遭受到的破坏会非常大，甚至会被劈开，这又是什么道理呢？而且，砍的时候所用的力量要比压在木头上的重量小很多。"

在亚里士多德时期的模糊力学认知下，很难回答这个问题，即使到了现代，也有许多读者不能很好解释这个问题。因此，我们一起来研究研究这个希腊思想家提出的问题。

当斧头砍进木头时，会有什么样的动能呢？首先，人把它抬起来时产生了能；其次，斧头向下落时取得了能。假设斧头质量为 2 千克，被举高到 2 米，那么举起时得到的动能是 2×2=4（千克力米）。斧头落下的运动是在两个力的作用下完成的：一个是重力，一个是人的臂力。如果斧头只是在自己本身重量的作用下落下来的，它在落到底的时候所有动能，应该等于被举起时所得到的能，即 4 千克力米。但是，人用臂力加快了斧头落下，使它得到了更多的动能。假设人手在上下挥动的时候，力量完全相同，那在落下时加上的一份能量应该等于举高时的能量，也是 4 千克力米。因此，斧头砍木头时，一共有 8 千克力米的能。

斧头会砍到木头，并且还会砍进木头里去，那么问题来了，它会砍到多深呢？假设砍进去 1 厘米。也就是说，斧头在 0.01 米的一段距离内，速度变成了零，可以说斧头的动能全部消耗尽了。知道了这一点，就不难求出斧头加在木头上的压力了。假设用 F 表示这个压力，就会有这样的式子：

$$F \times 0.01 = 8$$

得出 $F=800$ 千克力。

这就是说，斧头用 800 千克力的力量砍进了木头里。如此大的重量，劈开木头有什么好奇怪的呢？

这样就解答了亚里士多德的问题。但这里又给我们提出了新问题：人的肌肉是不能直接把木头劈开的，那它是怎么把自己的力量传到斧头上的呢？答案是，在一上一下 4 米的路程中所得到的能，在 1 厘米的一段距离内都消耗完了。

上面这个问题，让我们了解到，在使用压力机代替汽锤时，为什么一定要用力量极大的压力机。比如，150 吨的汽锤要用 5 000 吨的压力机代替，20 吨的汽锤至少要用 600 吨的压力机代替才可以，等等。

同样的道理也可以解释马刀的作用。当然，这其中也有力的作用集中到了极小面积的刀刃上的因素，每平方厘米上的压力变得极大（几百大气压）。挥动马刀的幅度也很重要：在砍击之前，马刀一端挥动了大约 1.5 米的路程，而在敌人身上只砍进了大约 10 厘米。在 1.5 米路程中得到的能量，在 0.1 米的路程上完全消耗掉，因此，战士的手臂就好像增加了 15 倍的力量。另外，砍的方法也会有很大关系：战士使用马刀时，并不是只有砍击，而是在他砍击后的一瞬间还要把刀抽回去。所以，马刀是在砍切，而不是砍击。你可以试一试，用砍击的方法把面包分成两半，那时你就会发觉，这会比把面包切成两半困难多了。

13 易碎物品的包装

　　生活中，包装易碎的物品时，一般都会用稻草、刨花、纸条等材料做衬垫（图78）。这样做的目的当然是防止物品被震碎。可是，为什么稻草、刨花能够保护物品不被震碎呢？如果答案是在震动时它们能够"减缓"碰撞，那么这个答案实际上只是重复叙述了问题而已，并没有找出具体的减缓碰撞的原因。

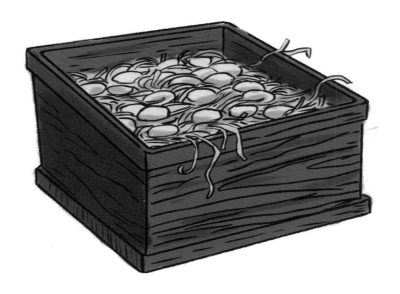

图 78

这里面的原因有两个。

第一个原因是，衬垫的材料增加了易碎物品互相碰撞时的接触面积：一个物品的尖锐棱角，通过衬垫材料与另外一个物品接触，就不是简单的点对点或线的接触，而是成了片或者面的接触了。此时，力的作用分布到比较大的面积上，压力就会相应减小了。

第二个原因，只有在震动时才会表现出来。一个装有脆性物品的箱子发生震动，比如箱子里装的是杯盘，此时每一个物品都会开始运动起来，而它们的运动又会马上停止，这是因为紧挨着它的物品阻碍了它。此时，运动的能量要全部消耗在挤压相撞的物品上，结果就会造成物品被撞碎。因为这个能量只是消耗在了很短的路程上，所以它的挤压力量会非常大，这样这个力 F 和距离 s 的乘积（Fs）才会等于所消耗的能量。

现在就可以知道这些衬垫的作用了：它们使力的作用路程（s）加长了，因此减弱了挤压的力（F）。不加衬垫材料的话，这个路程会极短，而鸡蛋或者玻璃只能被压进几十分之一毫米才不会被压破碎[1]。衬垫在物品之间的相互接触部分，把力的作用路程加长了几十倍，也就把力给减弱到了几十分之一了。

这就是脆性物品之间放衬垫能起到防护作用的第二个原因，也是最主要的原因了。

注　释

[1]资料显示，当鸡蛋均匀受力时，可以承受 34.1 千克力。而且现实中，用相同的力，熟鸡蛋会比生鸡蛋先破。鸡蛋的"凸面"承受的力最大，可以是鸡蛋自身重量的 120 倍；其次是鸡蛋的"凹面"，可以承受鸡蛋自身重量 100 倍的力；而鸡蛋的"平面"承受的力最小，可以承受鸡蛋自身重量 60 倍的力。

14 捕兽机关的能量从哪里来

图 79 和图 80，是东非洲人设计布置的两种猎捕野兽的机关。图 79 中，一只大象如果触动了拉伸着的绳子，就会使一段沉重而且带有尖叉的木头落到它的背上。图 80 中的机关更加机巧，野兽触动绳子之后，就会引发已经张满的弓弩，使箭矢射到自己的身上。

图 79

图 80

这里杀伤野兽的能量来源很明显——就是布置这些机关的人的能量变化了一下形式而已。木头从高处落下时所做的功，正是人把木头举到这个高度所消耗的功。第二个机关中的弓箭，是猎人把弓拉满所做的功还了回来。这两种情况下，野兽只是释放了原来积贮的位能。要想利用这些机关，就要事先装好，或者第一次用过之后，再用就要重新装好。

大家可能知道，有一个关于熊和木头的故事，里面谈到的那种机关，跟上面说的情形还有些不同。故事中熊看到树上的蜂房，就顺着树干爬上去，半路遇到了一段悬挂着的木头阻碍了它的前进道路（图81）。熊推了一下木头，木头摆开了，但是又马上回到了原位置，并轻轻撞了一下熊。熊生气地大力把木头推出去，木头再次返回时，敲击熊的身体也很重；熊越来越大力地推开木头，可是木头再返回时，也越来越重地回击熊。被这样往返的斗争弄得精疲力竭的熊，只好跌了下来，摔在了树底下尖锐的木橛上。

图 81

这个机关的巧妙之处在于，不需要人再重新布置。它能把这只熊打下去之后，还能继续打第二只、第三只……一只只地打下去，而不需要人的参加。那么，把熊从树上打下来的能量是从哪里来的呢？

很明显，这里所做的功，是由野兽本身完成的，是熊自己把自己打了下来，自己把自己戳死在木橛上的。当熊推出木头时，就把自己的肌肉的能变成了举起木头的位能，这个位能随后又变成了落下木头的动能。同时，熊爬上了高树，把自己的一部分肌肉的能变成了升高自己身体的位能，这个位能又成了使熊身体跌落到尖木橛上的能。总之，就是熊自己撞击自己，自己把自己从树上摔下来，又自己把自己戳死在了木橛上的。爬上树的野兽越强壮，越凶猛，它跟木头打架所遭受的伤害也就越严重。

15 自动机械的能源问题

你见过一种小巧的仪器，叫测步仪的吗？它的大小、形状跟怀表差不多，可以放在衣服的口袋内，用来自动测量步行的步数。图 82 展示的就是这种仪器的字盘和内部构造。这个仪器最主要的部分是重锤 B，它固定在杠杆 AB 的一端，并且这个杠杆 AB 可以绕轴 A 旋转。平时，一根软弹簧使重锤 B 停留在仪器的上半部。当走路的时候，每走一步，人体都会略略提升一下，然后立刻落下，测步仪也就会跟着上下。而重锤 B 在惯性作用下，并不是马上随着测步仪升起的，它反抗着弹簧的弹性，留在了仪表的下半部。测步仪往下落时，重锤 B 根据同样的原因又要往上移动。因此，每走一步，杠杆 AB 就会摆动两次，一上一下。杠杆 AB 摆动时，通过小齿轮使字盘上的指针转动，从而记录着人在步行时的步数。

图 82

　　如果有人问，测步仪动作的能源是什么？人们会毫不犹豫地说是人的肌肉所做的功。可如果有人认为反正人也是在走着，没有对测步仪花费额外的能量，那就错了。步行的人无疑是要多花一部分力量的，用来克服重力和拉住重锤 B 的弹簧的弹力，以便把测步仪提升到一定的高度。

　　测步仪的这个原理让人想到了另外一个靠人们日常动作带动的手表。而且这种手表已经被制造出来了。它可以戴在手腕上，人不停的动作就会自动把发条上紧，不需要戴表人再费心。这种表只需要戴在手腕上几个小时，就可以把手表的发条上紧到足够走一昼夜，而且是非常方便的：它总是能够上好发条的，把发条上到一定程度的松紧，保证它走得精确。表壳上并没有多余的开孔，以防止它受到灰尘和水的侵入，破坏内部构件。最主要的好处是，不用再操心不定时地上紧发条了。这种表看起来只有钳工、裁缝、钢琴家，特别是打字员才适合使用，对于其他脑力劳动者是不适合的。如果你有这种看法，那一定是错误的，因为你忽略了这种表的一个性能，那就是，这种表走动，只需要极微小的脉动就够了。事实上，只需要两三下动作，就可以使重锤轻轻带动发条，使手表走上三四个小时了。

　　那么是否可以理解为，这种表不需要主人消耗一些能，就会一直走下去呢？当然是不可以的。它所需要的人的肌肉能量和上紧普通表发条的时候一样。戴这种手表的手臂，要比戴普通手表的手臂多花一些能量，因为这和测步仪一样，有一部分能量要去克服弹簧的弹力。

据说，美国有一个商店老板"想出来"一个方法，利用店门的开关上紧一个弹簧，以此来替他做一些有益的家务活。这位"发明家"认为找到了免费的能量，因为"反正顾客也是要开门的"。实际上，顾客开门的时候要多花一些力量来克服弹簧的弹力。所以可以换个说法，是这个老板要让他的每一个顾客替他做一些家务活。

从严格意义上说，上面两种情况都不能叫自动机械，只能说是不需要人的照料，就可以利用人的肌肉的能量上紧弹簧的机械。

16 摩擦取火

按照书本上说的，摩擦取火好像很简单的样子，可实际上做起来并不是那么简单的。马克·吐温曾讲过一个故事，说到了他想把书本上的摩擦取火应用到实际中的经过。

我们每人各拿两根木棒，开始互相摩擦，两个小时过去了，结果我们人都冻僵了，木棒也冻得冷冰冰的（故事发生在冬天）。

另外一个作家杰克·伦敦也曾说过同样的事情（在《老练的水手》中）：

我读过许多遇难脱险的人的事后回忆录，他们都曾尝试过这个方法，但是全部都失败了。我想起了那个在阿拉斯加和西伯利亚旅行的新闻记者。有一次，我在朋友家见到了他，他曾讲述怎样想使用木棒互相摩擦的方法来取火。他很风趣地讲述了他的这次失败的试验。

儒勒·凡尔纳在小说《神秘岛》中也谈到了完全一样的看法。下面是老练的水手潘克罗夫跟青年赫伯特的谈话。

"我们可以像原始人一样，把一块木块放到另一块上摩擦来取火呀。"

"好的，孩子，你试试吧；这样做除了两手能磨出血之外，看你还能做出什么成绩来。"

"可是，这个简单方法，在很多地方用得很普遍呀。"

"我不想和你争论，"水手回答说，"但是我认为，那些人对这个方法有他们特别的本事吧。我已经不止一次地试验过这种取火方法，但都失败了。我肯定地认为还是用火柴更好一些。"

儒勒·凡尔纳继续说道：

虽然这样，潘克罗夫仍然去找了两块干燥的木块，试图用摩擦的方法取火。假如他和纳布所付出的能量全部都变成热量的话，足够把一艘横渡大西洋的轮船的锅炉里面的水烧沸，但是结果却是，两块木块只是热了一点点——比试验的人本身的热还少。

努力试了一个小时后，满头大汗的潘克罗夫，赌气地把木块丢在了地上。

"让我相信原始人用这个方法取火，我宁愿相信冬天会出现大热天，"他说，"我看，搓两只手来燃着手心，恐怕还要容易一些。"

失败的原因是什么呢？原因在于没有按照应有的方法进行。原始人在取火时，并不是两根木棒简单的摩擦，而是用了拿一根削尖的木棒在木板上钻孔的方法。

这两种方法的不同，进一步做一次研究，就会弄明白了。

假设一根木棒沿着另一根木棒来回移动（图83），每秒钟来去各一次，每次移动的距离为 25 厘米。设人手压向木棒的力为 2 千克力（这个数值是随意取的，应该跟实际相差不多）。因为木头和木头之间的摩擦力大约是压向互相摩擦的木棒的力的 40%，所以实际作用力是 $2 \times 0.4 = 0.8$（千克力），在 50 厘米的路程上所做的功为 $0.8 \times 0.5 = 0.4$（千克力米）。这个机械功如果全部变成热，会产生 $0.4 \times 2.3 = 0.92$（卡）的热量。

图 83

这个热量要传到木块的多大体积上呢？

木头的导热性是很差的，所以摩擦生火的热，只能透过木头很浅的一层。

假设木头的受热层只有 0.5 毫米厚[2]，木棒互相摩擦的面积是 50 厘米和接触面宽度的乘积，现在假设接触面宽度是 1 厘米。

那么，摩擦产生的热量会使 $50 \times 1 \times 0.05 = 2.5$（立方厘米）体积的木头生热。这个体积的木头大约重 1.25 克。木头的比热容假定是 0.6 卡 /（克·摄氏度），这些木头应该被加热到

$$\frac{0.92}{1.25 \times 0.6} \approx 1.2 \ (\text{℃})$$

从这个推论中看出，假如不是因为冷却造成热量损失，那么摩擦木棒每秒钟大约提高温度为 1.2°。但是，因为整个木棒都会受到空气的冷却，冷却程度有点大，所以马克·吐温说的木棒摩擦时不但没有加热，甚至被冻得冷冰冰的，基本是接近事实情况的。

如果我们改成钻木取火的方法，那就会成为另外一回事了（图84）。假设旋转的木棒那一端的直径是1厘米，木棒端有1厘米长钻在木板里。钻弓长25厘米，每秒来回拉动各一次，拉动钻弓的力假定为2千克。这种情况下，每秒钟所做的功依然是0.8×0.5=0.4千克米，产生的热量仍然是0.92小卡，但是此刻的木头受热体积却比刚才小很多，一共只有：3.14×0.05=0.15立方厘米，重量也只是0.075克。因此，在理论上，木棒一端在凹坑里的温度应该每秒钟提高

$$\frac{0.92}{0.075 \times 0.6} \approx 20（℃）$$

实际上，温度这样提高（或者接近于这样提高）的确可以达到，因为钻的时候，木头的受热部分很不容易散失热量。木头燃点大约是250℃，因此，想要木棒燃烧，要用这个方法继续钻250÷20=12.5（秒）就可以了。

图 84

据民族学家说，有经验的钻木取火的原始人只需几秒钟就可以取到火[3]。这证明了我们计算的正确。其实，大家都知道，大车的车轴如果润滑不好，会时常被烧坏，原因和上面所说的完全相同。

第八章 功·功率·能

169

①有资料表明，最初雷电起火是人类的火种，后来发明人工取火。古代取火的工具称为"燧"，取火方法有木燧、金燧、石燧。木燧，即钻木取火。金燧，即聚光取火，类似凸透镜。石燧，即敲石取火。清末光绪初年，火镰被普遍使用。1865 年，火柴传入中国，称"洋火"。1920 年，法国人发明最早灯芯式的打火机，"二战"后，又出现了气体打火机。

②读者可以从下文看出，受热层如果假设得厚些，对结果并没有很大的影响。

③除了钻木取火的方法外，原始人还有许多别的摩擦取火的方法，例如"火犁"和"火锯"法等。在这两种方法里，木头的受热部分和木屑都要保证不会冷却。

17 被硫酸溶解掉的弹簧的能

把一个钢板弹簧弯曲，那么我们付出的功就变成了弯曲的弹簧的动能。如果我们用这个弹簧去举起什么重物，或者转动车轮之类的，那么我们就可以重新得到所付出的能；这时的能一部分做了有益的工作，另一部分用来克服有害的阻力（摩擦）。一个尔格都不会莫名其妙地消失掉。

现在，你用弯曲了的弹簧做另外一个实验：把它放到硫酸里去。那样，钢片被溶解掉了。那么，我们还能找回弯曲整个弹簧所付出的能量吗？能量守恒定律仿佛在此受到了破坏。

真相是这样吗？其实为什么我们一定就认为能量是悄无声息地损失掉了呢？它可以在弹簧熔断前弹开来，推动了周围的硫酸，变成了动能的形式。也可以变成热，使硫酸的温度增高，当然这个温度不会增高很大。因为，假如被弯曲的弹簧的两端比它伸直的时候缩进了 10 厘米（0.1 米），此时弹簧的应力是 2 千克力（即弯曲弹簧的力的平均值大约是 1 千克力）。所以，弹簧的位能为 1×0.1=0.1（千克力米）。这相当于 2.3×0.1=0.23（卡）的热量。这样少的热量只能把硫酸的温度增加几分之一摄氏度，实际上，这个温度已经很难看出来了。

然而，被弯曲的弹簧的能也可能变成电能或化学能；变成化学能的话，会使弹簧的销蚀加快（假如这个化学能可以促进钢的溶解作用的话），或者是使弹簧的销蚀减慢（假如这个化学能阻滞钢的溶解作用的话）。

至于实际上具体会发生哪种情况，只有实验才能告诉我们。

这种实验已经有人做过了。

人们把一片钢片弯曲后夹在两根玻璃棒中间，两根玻璃棒相距 0.5 厘米，把它们一起放在玻璃缸的底上（图 85 左）。在另外一个实验里，人们把弹簧直接夹在容器的两壁之间（图 85 右）。分别往这两个容器里注入硫酸。钢片不久就崩断了，断片泡在硫酸中，直到完全溶解掉。将实验所花费的时间——从把弹簧放到硫酸里开始，一直到溶解完毕——仔细记录下来。然后在条件完全相同的别的情况下，把同样的钢片不加弯曲地做一次实验。结果是，没有张力的钢片溶解需要的时间比较短。

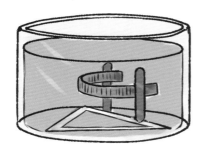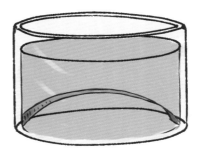

图 85

这就说明，有张力的弹簧要比没有张力的弹簧更耐得住侵蚀。因此，用来弯曲弹簧的能量，一部分变成了化学能，一部分变成了弹簧弹开时运动部分的机械能。这里能量并没有无缘无故地消失。

根据上面这题目，还可以提出这样一个问题："一束木柴被送到四层楼上，因此它的位能也随之增加了，那么木柴燃烧时，这部分多出来的位能跑到哪里去了呢？"

这个问题不难回答，你只需想一想，木柴燃烧后，它的物质变成了燃烧的产物，这些产物在地面上一定高度的地方形成时所具有的位能，要比在地面上产生的大。

注　释

①硫酸，是一种具有高腐蚀性的强酸。常温下，浓硫酸能使铁、铝等金属钝化。加热时，可以与除金、铂之外的所有金属反应。硫酸被发现于公元8世纪。阿拉伯炼丹家贾比尔通过干馏硫酸亚铁晶体得到硫酸。

1 从雪山上滑下

【题目】雪山的滑道，斜度是 30°，长 12 米。从上面滑下一个雪橇，到了水平面时还会继续前进。问，这个雪橇会在什么地方停下来呢？

【解题】假如这支雪橇在雪面上滑，不受一点摩擦力的话，那它永远不会停止，一直滑下去。但是，雪橇是会受到摩擦的，虽然这个摩擦不大：雪橇底下的铁条与雪的摩擦系数是 0.02。因此，当雪橇从山上滑下来时，所得到的动能全部消耗在了克服摩擦上时，它就会停下来。

想要计算雪橇滑下的距离，就要先算出雪橇从山上滑下时所得到的动能。雪橇滑下的高度 AC（图 86），等于 AB 的一半（因为 30° 角的对边长等于弦长的一半），所以 $AC=6$（米）。如果雪橇重量是 P 牛顿，那么雪橇滑到山脚下所得到的动能，应该是 $6P$ 焦耳（在不考虑摩擦的情况下）。

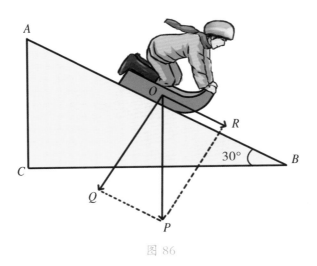

图 86

现在把重量 P 分成两个分力，一个是跟 AB 垂直的分力 Q，另一个是跟 AB 平行的分力 R。摩擦力等于力 Q 的 0.02，而 Q 等于 $\cos 30°$，即 $0.87P$。因此在克服摩擦上花了

$$0.02 \times 0.87P \times 12 = 0.21P（焦耳）$$

而实际上得到的动能是

$$6P - 0.21P = 5.79P（焦耳）$$

雪橇到了山脚后，继续沿水平道路前进，用 x 表示这段路长，那么摩擦的功是 $0.02Px$ 焦耳。从式子

$$0.02Px = 5.79P$$

得出 $x \approx 290$（米），也就是说，雪橇从山上滑下后，可以继续在水平道路上向前滑行大约 300 米[1]。

注 释

①世界上最高的滑雪场——安第斯山脉滑雪场，海拔近 5 400 米。滑雪中比较快的是速度滑雪，最新的纪录是每小时 254.958 千米。史上最快单板滑雪的世界纪录保持者是法国男子爱德蒙 – 弗罗赛，时速 126.309 英里（203 千米）。

2 关掉发动机后汽车还能行多远

【题目】在一条水平的公路上，汽车用 72 千米/小时的速度行驶。这时，司机把汽车发动机停了下来。假如运动受到的阻力是 2%，问，这种情况下，汽车还能继续行驶多远？

【解题】这个题目跟上一节的题目差不多，只不过是汽车的动能要根据

另外一些数据才能计算出来。汽车的动能等于$\frac{mv^2}{2}$，m表示汽车的质量，v是汽车的速度。而这个动能是消耗在路程x上的，在这段距离上汽车受到的阻力等于它重量P的2%。因此，可以得出下列这个式子

$$\frac{mv^2}{2}=0.02Px$$

由于汽车的重量$P=mg$，这里g表示重力加速度，因此上面的式子也可以表示成

$$\frac{mv^2}{2}=0.02mgx$$

从而汽车继续行驶的距离就是

$$x=\frac{25v^2}{g}$$

在计算过程中，并没有汽车的质量参与，因此汽车停下发动机后继续驶出的距离，跟汽车质量没有关系。把已知的$v=20$（米／秒）、$g=9.8$（米／秒²）代入式子中，计算出最终结果大约为1 000米。也就是说，汽车在关掉发动机后，在平坦道路上能够继续行驶足有1千米的距离。之所以能得出这么大的数值，是因为我们在计算过程中，并没有把空气阻力考虑在内，而空气阻力是随着速度的增加而迅速增加的。

3 为什么马车的前轮要小一些

一般情况下，马车的前轮会比后轮要小一些，就算前轮不担当转向作用，不放在车身底下时，也会是这样的情况。这是为什么呢？

想要真正找到问题所在，就要改变提问的方向，不能问前轮为什么比后轮小，而要问为什么后轮比较大。因为前轮小的好处很明显：轮子小，它的轴线就比较低，使得车辕和挽索比较倾斜，如此一来，车辆在道路的坑洼地

段，拉车的马匹很容易就把车拖出来。图 87 说明在车辕 *AO* 倾斜时，马的拉力 *OP* 分解成 *OQ* 和 *OR* 两个分力，其中就有一个向上的作用力（*OR*）帮助把车子从坑洼处拉上来。如果车辕是水平的（图 87 右），就没有这个向上的作用力，要想拖出坑洼地就费力得多。当然，如果在良好的、平坦的道路上，就没必要设计前后轮大小不一了。汽车和自行车的前后轮就是一样的大小。

图 87

返回头再接着谈轮子大小的事，为什么后轮不跟前轮一样大小呢？这是因为大轮子要比小轮子好，大轮子受到的摩擦力比较小。因为滚动体的摩擦力跟半径成反比。这样后轮做得大些的好处就很清楚了。

4 机车和轮船的能量用在什么地方

根据我们观察的"常识"，感觉机车和轮船似乎把能量都用在自身的运动上了。但是事实却并非如此，机车的能量只是在最初的 0.25 分钟里用来使它本身和整个列车运动，其他的时间里（在平路上前进的时候）这个能量都用来克服摩擦和空气阻力了。我们可以这样说，电力发电厂发出的电能几乎全部用在加热城市上空的空气了——摩擦的功产生了热能。如果没有阻力，火车在最初一二十秒钟跑起来后，在惯性作用下，在平路上会一直跑下去，不需要再消耗能量。

我们在前面内容已经讲过，完成匀速运动是没有力参加的，所以也就不消耗能量。如果在匀速运动当中需要消耗能量，那么这个能量也只会是用来克服对匀速运动产生的一切障碍。同样道理，轮船上的强大机器也是为了克服水的阻力。水的阻力比陆地上运输的阻力大很多，比如这种阻力会随着速度的增加而迅速加大（跟速度的二次方成正比）。这里顺便说一下，水上运输之所以达不到陆地上那样的高速度[1]，原因正在这里。一个划手可以轻松地让他的小艇以 6 千米 / 小时的速度行进，但是如果想增加 1 千米 / 小时，那他就要使出全力才能达到。至于让一只竞赛艇用 20 千米 / 小时的速度行进，那就需要 8 个异常熟练的船员共同全力划桨才可以。

假如说水对于运动的阻力会随着速度的增加而迅速增大，那么，对于水的携带力来说，同样也是随着速度增加而迅速加大。下面就详细来谈谈这个问题。

注　释

①这里说的不包括一种叫滑行艇的船只，这种船只在水面上滑行，几乎不浸在水中，因此受到的水的阻力很小，能够有比较大的速度。

5 被河水冲走的石块

大自然中，流动的河水不但冲刷着河岸，还把冲下来的石块带到河床别的地方。石块在河底随着水流翻滚，这种石块相当大——河流的这个能力会使人感到惊奇，惊奇水怎么能够把石块带走。当然，并不是所有河流都有这样的能力，在平原上流得很缓慢的河流就只能带走一些细小的沙粒。可是，当水流的速度稍有增加，就可以大大提高水流带走石块的能力。如果河水的速度增加一倍，不但可以带走沙粒，还能够带走巨大的卵石。山涧的急流速度更快更大，能把 1 千克甚至更重的石块带走（图 88）。如何解释这个现象呢？

图 88

这里我们遇到的是一个有关力学定律的有趣现象，在流体力学中，这个定律名叫"艾里定律"。它证明，水流速度增加到 n 倍，水流能够带走的物体重量可以增加到 n^6 倍。

接下来，我们要说明，为什么会出现这种自然界中最少见的六次方的比例。

为了能够说得简单方便，假设河底有一块边长是 a 的立方体石块（图89）。石块侧面 S 上受到力 F（水流压力）的作用。要把石块以 AB 做轴翻转过去。石块同时受到力 P（石块在水里的重量）的相反的作用，阻碍了石块

绕 *AB* 轴翻转。依据力学定律，要想保持石块平衡，力 *F* 和力 *P* 对 *AB* 轴的
"力矩"应该相等。所谓力对轴的力矩，是指这个力与这个力和轴之间距离
的乘积。对于力 *F* 来说，它的力矩是 *Fb*，对于力 *P* 来说，它的力矩是 *Pc*（图
89）。而 $b=c=\dfrac{a}{2}$。所以，石块只能在 $F \cdot \dfrac{a}{2} \leqslant P \cdot \dfrac{a}{2}$，即 $F \leqslant P$ 的时候才能保
持静止不动。接下来，我们应用公式

$$Ft=mv$$

这个式子中，*t* 表示力的作用时间，*m* 表示在 *t* 秒内对石块作用的水的质量，
v 表示水流的速度。

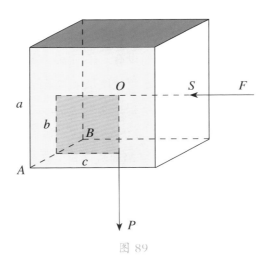

图 89

流体动力学证明，水流压向与水流方向垂直的平板上的总压力，跟平板
面积成正比，也跟水流速度的平方成正比。由此得出

$$F=Ka^2v^2$$

石块在水中的重量 *P* 等于体积 a^3 和石块密度 *d* 以及重力加速度 *g* 的乘
积，减去同体积水的重量（阿基米德原理）：

$$P=a^3dg-a^3g=a^3（d-1）g$$

于是，$F \leqslant P$ 这个平衡条件可以改写成下面这个式子

$$Ka^2v^2 \leqslant a^3(d-1)g$$

从而演算出

$$a \geqslant \frac{Kv^2}{(d-1)g}$$

能够抵抗速度是 v 的水流的方石块，它的边长 a 跟速度的二次方成比例。至于方石块的重量，跟它的边长 a 的三次方成比例。所以，水能带走的方石块重量，要跟水流速度的六次方成比例，因为 $(v^2)^3 = v^6$。

这就是"艾里定律"。我们用立体石块做例子证明了这个定律，当然也不难证明这个定律适用于其他形状的物体。我们此处的证明只是近似的，目的是为了用来说明问题，现代流体动力学能够做出比较精确的论证。

为了更进一步说明这个定律，假设有三条河流，第二条河流的水流速度是第一条河的两倍，第三条河流的水流速度是第二条的两倍。也就是说，三条河流的水流速度成 1∶2∶4 的比例。根据艾里定律，这三条河流能够带走的石块重量之比应该是 $1 : 2^6 : 4^6 = 1 : 64 : 4\,096$。因此，如果平静的河水只能带走 0.25 克重的沙粒，那么水流速度是平静河流两倍的就能够带走 16 克重的小石子，而水流速度是原来 4 倍的山涧就能够把 1 千克重的大石块翻动了。

6 雨滴的速度

在雨中行进的火车，当雨水滴落在车玻璃上时，形成了一段斜线。这其中说明了一个有趣的现象。在此期间发生的，是两个运动按照平行四边形规则的加合，因为在雨水滴落的同时，还参加到火车的运动中去了。这里需要注意，这个合成的运动是直线运动（图90）。而合成这个运动的其中一个运动（火车的运动）是匀速运动。力学知识告诉我们，在这种情况下，雨滴的

落下运动也应该是匀速运动。这个结论简直太令人意外了，落下的物体，竟然会是匀速运动的，简直是荒谬至极。但是，车窗玻璃上的斜线既然是直线，就必然会得出这样的结论。假如雨滴是加速度地落下，那玻璃上的雨水应该呈曲线（如果匀加速地落下，又应该是抛物线了）。

图 90

因此，雨滴并不像石块那样加速度落下的，而是匀速落下。这是因为空气阻力完全平衡了产生加速度的雨滴重量。不然的话，雨滴不受任何阻力地落下，那形成的后果对于我们来说将是非常悲惨的：云雨时常是聚集在 1 000 ~ 2 000 米的高空中，如果在毫无阻力的介质中从 2 000 米高的地方落下来，雨滴落到地面上的速度应该是

$$v = \sqrt{2gh} = \sqrt{2 \times 9.8 \times 2\,000} \approx 200 （米 / 秒）$$

这个数值，是手枪子弹的速度。虽然雨滴不是铅弹而是水，它的动能只有铅弹的十分之一，但是，面对这种扫射境况我们也不会感觉很舒服的。

那么在实际中，雨滴是以什么样的速度落到地面上的呢？我们要来研究

一下这个问题，在研究这个问题之前，首先我们还要说明一下，为什么雨滴是匀速运动的。

物体落下时受到的空气阻力，在整个落下的过程中是不相等的。它随着落下的速度增加而增大，在最初的一瞬间，落下的速度还是微不足道之时[1]，可以不用考虑空气阻力。紧接着，落下的速度加快了，阻碍这个速度增加的阻力也随之增加[2]。这时候的物体仍然是加速度地落下的，但是这种加速度比自由落下来的要小。随后加速度继续减小，直到实际上变成了零：从这一刻起，物体运动就没有了加速度，变成了匀速运动。速度不再增加，那么阻力也就不再增加，匀速运动不会遭到破坏——既不会变成加速运动，也不会变成减速运动。

因此，在空气中落下物体，应该是在某一个时刻起进行匀速的运动。对于雨滴来说，这个时间来得早些。测量雨滴落下的末速度，结果告诉我们，这个速度极小，尤其是细小的雨滴。0.03 毫克的雨滴的末速度是 1.7 米 / 秒，20 毫克的是 7 米 / 秒，最大的 200 毫克重的也只不过是 8 米 / 秒，目前还没有发现比这更大的速度。

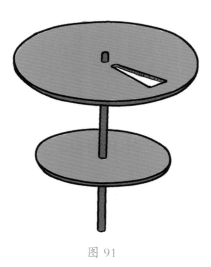

图 91

测量雨滴速度的方法是很巧妙的。用的测量仪器（图 91）是两个圆盘，紧紧地装在同一根竖直轴上，上面的圆盘开一条狭小的扇形缝隙。用雨伞遮住，拿到室外雨中，然后让它很快地转动起来，再把雨伞拿开。于是，雨滴通过上面圆盘的缝隙，会落到铺着吸墨纸的下方圆盘上。当雨滴在两个圆盘之间落下时，两个圆盘会转出一定的角度，因此雨滴落在下方圆盘上的时候，地点应该不是上方圆盘缝隙的正下方，而是稍微落后一些。比如说，雨滴落在下方圆盘上的位置落后了整个圆周长的 $\frac{1}{20}$，假设圆周每分钟转 20 转，两个圆盘之间的距离是 40 厘米。根据这些条件，很容易求出雨滴落下的速度：雨滴走过两个圆盘之间的距离（0.4 米）所花费的时间，恰好是每分钟转 20 转的圆盘转出一周的 $\frac{1}{20}$ 的时间，这段时间为

$$\frac{1}{20} \div \frac{20}{60} = 0.15（秒）$$

雨滴在 0.15 秒的时间落下来 0.4 米，因此，它的速度就等于

$$0.4 \div 0.15 = 2.6（米 / 秒）$$

（枪弹射出的速度也可以用这个相类似的方法求出。）

而雨滴的重量，可以根据雨滴落在吸墨纸上的湿迹大小来计算。每 1 平方厘米吸墨纸能够吸收多少毫克的水，需事先测定。

让我们一起来看看雨滴落下的速度与质量的关系，见表 3。

表 3　雨滴落下的速度与质量的关系

雨滴质量 / 毫克	0.03	0.05	0.07	0.1	0.25	3	12.4	20
半径 / 毫米	0.2	0.23	0.26	0.29	0.39	0.9	1.4	1.7
落下速度 /（米/秒）	1.7	2	2.3	2.6	3.3	5.6	6.9	7.1

冰雹[3]落下的速度比雨滴大。这并不是因为冰雹比雨滴的密度大（正相反，水的密度要大一些），而是因为冰雹的颗粒比较大。即使是这样，冰雹在接近地面的时候也是以不变的速度落下的。

甚至是在飞机上投下的榴霰弹（小铅球，直径大约 1.5 厘米）在接近地

面时也是匀速的，而且这个速度非常缓慢，甚至可以看成是无害的，都不能够击穿软毡帽。但是，从同样的高度投下的铁"箭"却是一件可怕的武器，它可以击穿人的身体。因为在铁箭的每1平方厘米截面积上分布的质量，要比在圆铅弹上大得多；正如炮手们说的那样，箭的"截面负载"比子弹大，因此箭比较容易克服空气阻力。

①例如，在最初的 0.1 秒里，自由落下的物体只落下了 5 厘米。

②当速度是每秒几米到 200 米左右的时候，空气阻力的增长跟速度的平方成正比。

③肯尼亚的克里省和南蒂地区是世界上冰雹最多的地方，每年下冰雹的日子有 130 天左右，占全年时间的三分之一还多。目前世界上公认的冰雹最大的直径为 110 ~ 120 毫米（比成年人的拳头稍大一点），是 1970 年 9 月 3 日在美国堪萨斯州发现的。但在 1968 年 3 月，印度比哈尔邦降下的冰雹中，一重达 1000 克的冰雹，当场将一头小牛砸死。

7 物体下落之谜

我们习以为常的现象与在科学的看法上，有着巨大的分歧。比如大家都知道的物体下落的现象，就是一个很好的例子。不懂力学的人，肯定会认为重的物体要比轻的物体下落的速度快些。这个从亚里士多德起源的看法，虽然在很多世纪里也有对分歧的意见，但是直到 17 世纪才被现在物理学奠基人伽利略所驳斥。这位伟大的自然科学家，他的思想确实非常精明："我们不用实验，只需简单的推论就能证明，这种同样材质物体较重的比较轻的落下快一些的观点是错误的……假设有两个落下的物体，自然速度不同，我们把运动快些的和运动慢些的连接起来，那么，落下快些的物体运动一定会受到阻滞，落下慢些的会稍微加快。假如是这样结果的话，那么再假设大石头的运动速度是 8 '度'（假设的单位），小石头的是 4 '度'，这也是正确的话，如果把两块石头连接到一起，应该得到比 8 '度'小的速度；但是两块石头合在一起了，物体就应该比原来有 8 '度'速度的石头要大；也就是说，比较重的物体运动速度要比轻的物体小，而这恰好跟上面的假设相矛盾。由此，我们可以从上面一系列的假设中得出一个结论，那就是比较重的物体运动得慢些。"

如今我们都知道了，一切物体在真空中落下时的速度是相同的，在空气里落下的速度，因为空气阻力的关系，会有所不同。但这里也有一个疑问：空气对运动所起的阻力，只跟物体的形状和尺寸有关。因此，两个大小和形状相同的物体，如果只有重量不同，它们落下的速度是相同的：它们在真空中相等，在有空气阻力的情况下减低的速度也应该相等。换句话说，直径一样的铁球和木球应该落下得一样快——但是这个推论显然跟实际看到的有些出入。

怎样解决这个理论和实践的冲突呢？

我们可以请"风洞"（第一章的内容）来帮助我们分析，假设我们把它竖立起来，再把同样尺寸的铁球和木球放到风洞里，让它们受到从风洞下端来的空气流的作用。就是把原来落下来的现象颠倒过来了。然后看看哪个球更快地被空气流吹走。结果很明显，虽然作用在两个球上的力量相等，但是两个球得到的加速度却是不同的：轻球得到的加速度比较大（根据公式 $F=ma$）。把这个应用再颠倒回原来落下时的正常现象，可以看出，轻球在落下的时候应该是在重球的后面，也就是说，铁球在空气里要比同体积的木球落下得快些。顺便提一下，这个现象也说明了为什么炮手如此重视炮弹的"截面负载"了，这就是炮弹受到空气阻力的每 1 平方厘米面积上分配到的那一部分质量。

再举一个例子，你玩过从山顶上向下投掷石块的游戏吗？当时你是否注意到，一般情况下，大石块飞出的距离要比小石块远一些？解释这种现象很简单：大小石块在飞出时受到的阻碍几乎差不多，但是大石块因为大，所以得到的动能也大，比较容易克服那些足以阻碍小石块的阻力。

截面负载的大小，在计算人造卫星的寿命的时候，是很值得注意的地方。人造卫星横截面上每1平方厘米上平均分到的质量越大，卫星在围绕地球飞行轨道上就能维持越久——如果其他条件相同的话，空气阻力对它的运动所起到的作用很小。

人造卫星进入预定轨道后，跟运载火箭最后一级脱离，就开始了独立的绕地球运行。需要注意的是，装有各种仪器的容器在离开运载火箭后，开始围绕地球转的时间要比运载火箭最后一级更久，尽管它们最初的轨道几乎完全相同。这是因为空的一级火箭（它的燃料在卫星进入轨道前已经用完）的截面负载总是会比装满各种科学仪器的人造卫星小。

人造卫星飞行时，它的截面负载并不是固定不变的，因为人造卫星会毫无规则地乱翻"跟头"，它会随着运动方向垂直的横截面面积不断地变动。只有球形的卫星，截面负载才会一直不变。因此，观测这类卫星的运动，对于研究高空的大气密度非常有利。

8 船重与顺流而下的速度

物体在河面上顺流而下的情形，与物体在空气中落下的情形很相似。我觉着，这对于许多人来说是很新奇，也很意外的事情。一般人们会认为，一艘没有帆也没有人划桨的小船，会随着水流的速度顺流而去。但这种看法是错误的：小船要比水流的速度快一些；而且小船越重，运动就越快。这种现象，对于有经验的木筏[1]工人来说非常熟悉，可有许多学物理的人并不知道这点。即使是我自己，也是不久前才知道的。

让我们详细地研究一下，为什么会有这么奇怪的现象。乍一看，好像没办法理解，顺流而下的小船为什么会超过浮载它的水流速度。这里需要注意一点，河水承载小船的情况，跟传送带上传送机器零件的情况并不是一样的。河水本身的面就是倾斜的，小船在这个倾斜面上自动地加速度向下滑动；而水流呢，会在河床的摩擦作用下，做着一定的匀速运动。显而易见的，就会有这样一个瞬间，用加速度向下漂流的小船超过了水流的速度，这之后，河水对小船的运动反而起到了制动作用，就像在空气中物体落下时受到了空气的阻滞。结果是，跟在空气里的原因一样，运动的物体要取得一个末速度，以后速度就不会再增加了。水中漂流的物体越轻，这个最大的不变速度就来得越早，速度的值就越小。反之，沉重的物体放到水流中，得到的末速度就比较大。

所以，我们可以得出，如果从小船上掉落下一支桨，这支桨一定落在小船的后方，因为船桨比小船轻很多。但是不管是小船还是船桨，都应该比水流快，其中沉重的小船比船桨快。事实上确实如此，尤其是在急流中这种现象更加显著。

为了更进一步说明上面的观点，我们引用一位旅行家说过的这样有趣的话：

我参加了阿尔泰山区的旅行，有一次要乘木筏沿着毕亚河顺流而下——从河流的发源地捷列茨科耶湖到比斯克城，一共花了五天时间。出发前，有人向木筏工人提出质疑，认为木筏载的人太多了。

"没关系的，"木筏工人说，"这样更好，跑得会快些。"

"什么？难道我们不是跟水流一样快慢的吗？"我们感到很奇怪。

"不是的，咱们跑得要比水流快，木筏越重，跑得就越快。"

我们都不相信他说的。木筏工人就让我们等木筏开动起来后，把一些木片丢到河里，做个试验。果然，木片很快就落在了我们的后面。

木筏工人的观点在我们坐木筏旅行的这段时间里得到了证明，而且是非常有效的证明。

在一个地方我们陷入到了漩涡里，在我们打了很多转之后才从漩涡里脱离出来，在刚开始打转的时候，木筏上的一个木槌掉到了水里，很快就脱离了漩涡，漂走了。

"不要紧的，"木筏工人说，"咱们能追上它，咱们比它重呀。"

虽然我们在漩涡中纠缠了很久，但最终木筏工人的话却得到了验证。

在另外一个地方，发现在我们前面还有一个木筏，比我们的要轻（因为上面没有乘客），我们很快就追上了，并且超过了它。

注 释

①考古证明，至少在 7 000 年前，中国已能制造竹筏、木筏和独木舟。挪威的探险家托尔·海尔达尔制作一艘叫康提基号的木筏。1947 年他和五名同伴乘木筏从秘鲁卡亚俄港出发，最终到达南太平洋的图阿莫图群岛，航程 4 300 海里（约 8 000 千米）。

9 舵是怎样操纵船只的

众所周知，大船航行是要有舵[1]的。一个小小的舵，为什么就能操纵巨大船只的运动呢？

假设有一艘船（图 92）在发动机的作用下，正沿着箭头所指的反方向运动。在研究船体跟水的相对运动时，可以把船看成是固定不动的，水是向着船只前进的相反方向流动，即箭头所指方向。水用力 P 压向舵上，这个力使船绕它的重心 C 转动。船与水的相对速度越大，舵的作用就越灵。假如船与水相对来说是静止不动的，那么舵就不能使船转动。

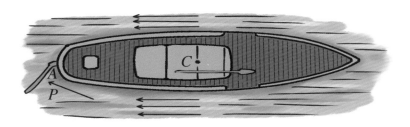

图 92

下面谈谈伏尔加河上曾经用来操纵大平底船的巧妙方法。这种船自身是没有动力的，全靠顺流而下。舵装在船头（图 93），当船要转弯时，在船尾用一条长索系上重物丢到河底去，让它拖在船的后面，这样大船就可以操控了。这是为什么呢？因为装有木材的平底船运动得比水慢，水跟船的相对运动方向和船的运动方向相同，因此水对舵的作用压力，跟船上装的发动机、船运动得比水快的情形相反，所以舵只能装在船头，装在船尾就不适合了。这个聪明的做法是劳动人民在具体工作中想到的。

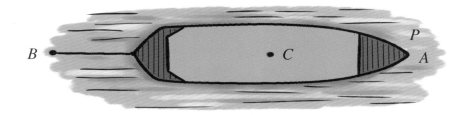

图 93

①世界上最早使用舵的船应该是从汉代开始的，在 1955 年广州东汉墓中出土了一件陶船模型上，就有舵的模型。文献记载与出土文物相印证，证明汉代船尾设舵确实存在，而西方造船史上迟至 1242 年才出现舵。

10 什么情况下雨水落得更多一些

【题目】这一章里说了很多雨滴的问题，在即将结束本章内容的时候，我要提出一个问题，虽然这个问题跟本章主题没有直接关系，但是跟雨滴落下的力学却有很大关系。

我们用这个简单而又非常有教育意义的实际题目来结束本章的内容。

当雨水竖直落下时，你的帽子会在什么情况下湿得更厉害呢，是站立在那里不动的情况，还是在雨中走动同样时间的情况呢？

这个问题也可以换一种方式问：

雨水在竖直落下时，在什么情况下每秒钟内落在车顶上的雨水多——是车停着的时候，还是它在行驶的时候？

我们把这个题目（不管是用这种方式提问，还是另一种方式提问）提供给许多研究力学的人，得到了各种不同的答案。为了爱惜帽子，有人建议要在雨水中站着不动，另外一些人则建议要尽快奔跑（图 94）。

图 94

究竟哪一个是正确的答案呢？

【解题】我们先研究一下第二种提法——雨水落在车顶上的情形。

车辆静止不动时，每秒钟内雨滴落在车顶上的雨水，形状像是一个直棱柱形，棱柱的底是车顶，棱柱的高是雨滴竖直落下的速度 v（图 95）。

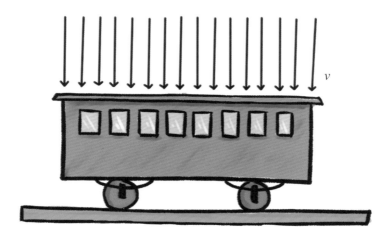

图 95

落在运动着车顶上的雨水量，比较难计算。我们可以这样想：车辆用速度 C_2 在地面上运动，我们也可以把车辆看成固定不动，而地面用速度 C_3 向相反的方向运动。此时落下的雨滴相对于地面来说，是垂直落下的。相对于固定不动的车辆来说，却是在进行两种运动：一种用速度 v 竖直落下，另一种用速度 C_1 水平移动。这两种运动合成速度 v_1 跟车顶成一个倾斜角。也就是说，车辆仿佛是在倾斜落下的雨中一样（图 96）。

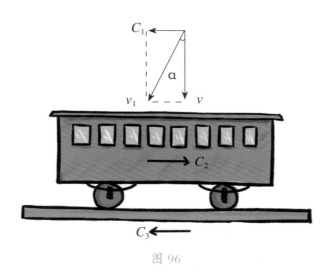

图 96

现在能够很清楚了，每秒钟内落在运动着车顶上的雨滴，完全包括在一个倾斜的棱柱体内。这个棱柱体的底仍然是车顶（图 97），各个侧棱跟竖直线成 α 角倾斜，侧棱长为 v_1。此棱柱体的高就是

$$v_1\cos\alpha=v$$

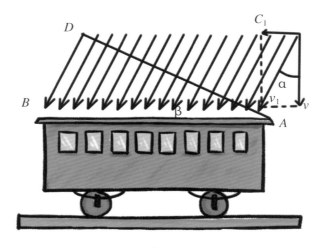

图 97

如此一来，刚才谈到的两个棱柱体，一个直棱柱（雨滴竖直落下的情形）和一个斜棱柱体（雨滴倾斜落下的情形），都有共同的底（车顶）和相等的高，因此也是同样的大小。那么在这两种情况里，落下的雨水量是完全相等的。也就是说，在雨中，无论你是站上半小时，还是奔跑半小时，你的帽子被打湿的程度是一样的。

1 格列佛和巨人国

在童话《格列佛游记》一书中，有个巨人国，那里的人身高足有正常人的 12 倍。当你读到这里时，第一印象一定是这些巨人的力量也应该至少是正常人的 12 倍。即使是这本书的作者斯威夫特，也认为是这样的，他把巨人写成十分强壮有力。但是，这样的看法是错误的。它与力学的原理相悖。下面可以通过计算，证明这些巨人的体力不但不比正常人强大 12 倍，而且相反，还比正常人相对弱很多[1]。

假如让格列佛和巨人站在一起，两人同时向上举起右手。假设格列佛的臂重是 p，巨人的臂重是 P。格列佛把手臂重心举到高度 h，巨人举到 H。也就是说，格列佛做了 ph 的功，巨人做了 PH 的功。那么这两个数值之间有什么关系呢？可以推断出巨人手臂的重量跟格列佛手臂的重量之比，等于它们的体积比，比值是 12^3。又因为 H 是 h 的 12 倍，所以 $P=12^3 \times p$，$H=12 \times h$。那么 $PH=12^4 ph$。从这可以看出，把手臂举起这个简单动作，巨人要做的功等于常人的 12^4 倍。那巨人是不是具有这么大的工作能力呢？这就需要对比一下两个人的肌肉力量了，在这之前，要先了解一下生理学上有关肌肉的文字：

"在平行纤维的肌肉里，举重所达到的高度跟纤维的长度有关，而重量跟纤维的数目有关，因为重量是分布在各条纤维上的。因此，两条质地、长度相同的肌肉，截面积比较大的就能做出比较大的功，如果是截面积相同的两条肌肉，比较长的那条能做出较大的功。假如是两条截面积和长度不同的肌肉，它们当中体积比较大的，就是有比较多立方单位的那条，做的功比较大。"

这句话利用到上面的推论中，就可以得出结论，巨人做功的能力等于格列佛的 12^3 倍（两人肌肉体积比）。用 w 表示格列佛的工作能力，用 W 表示巨人的工作能力，就可以得到式子：$W=12^3w$。

从这两个式子的推论中，我们看出，巨人在举手时做的功是格列佛的 12^4 倍，而巨人的工作能力只有格列佛的 12^3 倍。显而易见，巨人做举手动作要比格列佛困难 12 倍。因此，要想战胜巨人，所需要的军队就不是 1728（即 12^3）个常人，而是只需 144 个人了。

如果作者斯威夫特想让书中的巨人能和常人一样自由地运动，就需要让巨人的肌肉体积等于按比例算出来的 12 倍。这样的话，巨人的肌肉应该是按比例算出来的粗细的 $\sqrt{12}$ 倍，即大约是 3.5 倍。因此，为了支持加粗了的肌肉，骨骼也相应地要加强。不知道作者斯威夫特是否想过，他想象中的巨人，在重量和笨重方面应该已经与河马差不多了。

注　释

①世界历史上最高的人是清朝的詹世钗，身高达到 3.19 米。目前依然健在的世界上最高的人，名叫鲍喜顺（中国内蒙古人），身高 2.38 米，也是世界自然生长第一高人，比篮球明星姚明还高 12 厘米（姚明身高 2.26 米）。

2 河马为什么笨重不灵敏

这一节内容我想说河马并不是偶然。河马体型的笨重，根据上一节内容所说已经知道了。大自然中，不可能有身材庞大而矫健的生物。我们举个例子，用数据来说话。假设拿河马（身长 4 米）和旅鼠（长 15 厘米）做个对比。虽然在外形上看，两者身体很相似，但是我们知道，几何形状相似而尺寸不同的动物，不能具有同样灵活的行动。

假设河马和旅鼠的肌肉几何相似，河马就会比旅鼠弱，大约相当于旅鼠的 $\dfrac{15}{400} \approx \dfrac{1}{27}$。

如果想让河马具有旅鼠一样的灵活性，就需要让河马的肌肉体积等于上面计算出来的 27 倍，也就是河马的肌肉粗细应该加大到 $\sqrt{27}$ 倍，即 5 倍多一点。要想能够支持住这些肌肉，就需要骨骼也相应地加粗增强。

现在知道了，为什么河马这么笨重臃肿，骨骼粗大了吧。图 98 用相同尺寸画出了河马（图 98 右）和旅鼠（图 98 左）的骨骼和外形，图中河马的骨头长度缩小到旅鼠的尺寸，可以非常直观地看出河马骨头不成比例地粗大。这告诉我们动物世界里有一个共同的定律，动物身材越是庞大，它的骨骼所占的重量百分率就越大（表 4）。

图 98

表 4　不同动物骨骼所占的重量百分比

哺 乳 类	骨骼重 /%	鸟 类	骨骼重 /%
地鼠	8	戴菊鸟	7
家鼠	8.5	家鸡	12
家兔	9	鹅	13.5
猫	11.5		
狗（中等大小）	14		
人	18		

3 动物体型中的力学定律

　　陆地上生活的动物，在身体构造上都遵循这样一个简单的力学定律：动物四肢的工作能力跟它们长度的三次方成比例，而控制四肢所需要做的功与它们的长度的四次方成比例。因此动物体型越大，它们的四肢——脚、翼、触角——就越短。在这些陆生动物中，只有体型尺寸极小的动物才会有长长的脚，比如我们熟知的盲蜘蛛，就是这样一个例子。这个力学定律并不妨碍与盲蜘蛛体型相似的动物，只要它的尺寸非常小。如果这种尺寸大到了一定程度，比如像狐狸大小，就不可能有相似的形状了。因为这样的长脚会支持不住身体的重量，并且也会失去行动的性能。只有在海洋里，因为动物的体重在水的排斥作用平衡下，才可能有这样形状的动物，比如深海螃蟹，就有半米大小的身体和 3 米长的脚。

　　这个定律的原理，也体现在各种动物的成长发育阶段中。已经长成了的动物个体四肢，比例上总比初生时期短，身体的发育超过了四肢的发育，如此才能建立肌肉跟运动所需的功之间的应有关系。

　　这些有趣的问题，是伽利略最先研究的，在他写的《关于两门新科学的对话》一书中，谈到了尺寸极大的动物和植物、巨人和海生动物的骨骼、水生动物可能的大小等问题，为力学奠定了基础。关于这些，在本章的后面内容还会提起。

4 巨兽必然灭绝的命运

力学定律替动物规定了身体尺寸的极限。如果想让动物的绝对力量增加，就需要让它的身躯长得足够大，那么就或者造成它的活动性降低，或者造成它的肌肉和骨骼不相称的巨大。这两种情况都会致使动物在寻找食物方面陷入困境，因为随着身躯的增大，所需要的食物量也会增加，而得到食物的机会却降低了（因为活动性减弱了）。到了一定大小的动物，食物的需求量会超过它获取食物的能力，这就造成不可避免的动物灭亡。现实中，我们也知道了很多古代巨大动物相继离开历史舞台，只留存了少数动物活到现在。图99为古代巨兽与现代建筑的大小对比——都是生存能力不高的。在远古时代，地球上很多巨大动物之所以灭亡了，上述定律是最主要原因之一。当然，鲸鱼不包括在里面，因为它是生活在海洋中的，它的体重会被水对它身上的压力所抵消。

图 99

说到这里，就有一个问题了：假如巨大的身材对动物生存不利，为什么动物的进化不走逐渐缩小体型的方向？原因是，体型巨大的动物终究要比体型小的更强有力。我们从《格列佛游记》中可以看出，虽然巨人举手要比格列佛困难 12 倍，但是巨人举起的重量却是格列佛的 1 728 倍，用这个重量除以 12，就会得到巨人肌肉能够胜任的重量，这个重量要相当于格列佛能胜任的 144 倍。显而易见，在大小动物的斗争中，大型动物还是占很大优势的。然而，这个在斗争当中占尽便宜的巨大身材，却在另一方面（获取食物方面）使其陷入不幸境地。

5 跳蚤和袋鼠哪一个更能跳

一只小跳蚤，能够跳到它身长 100 倍以上的距离（可以达到 40 厘米），这让人们很惊奇，曾有人提出这样的看法，认为人只有跳到 1.7（米）×100，即 170 米高时，才能跟跳蚤媲美（图 100）[1]。

图 100

利用力学的计算才会为人类挽回声誉。简单来说，假设跳蚤的身体与人体几何相似，如果跳蚤重 p 千克，能跳 h 米高，那么它每跳一次就做了 ph 千克力米的功；人用这种方式表示，就是每跳一下做了 PH 千克力米的功，这里 P 表示人体的质量，H 表示所跳的高度（正确的说法是人体重心升高的高度）。因为人的身长大约相当于跳蚤的 300 倍，所以，人体的质量可以看成是 $300^3 p$，人跳起所做的功应该是 $300^3 pH$。相当于跳蚤所做功的 $\dfrac{300^3 pH}{ph}=300^3\dfrac{H}{h}$ 倍。

在做功的能力上，人相当于跳蚤的 300^3 倍（参考本章第一节的内容）。因此人只付出了跳蚤的 300^3 倍的能。但是，如此一来，$\dfrac{人做的功}{跳蚤做的功}=300^3$，就得出 $300^3 \times \dfrac{H}{h}=300^3$，从而 $H=h$。因此，在跳跃本领方面，即使人把重心提高到跳蚤跳起的高度，即 40 厘米，也是可以跟跳蚤相媲美的。跳这么高的高度，人类不费吹灰之力，因此在跳跃方面，人不比跳蚤差。

如果你认为这样的计算结果说服力不强，那就要说，你注意到这一点：跳蚤在跳起 40 厘米时，它所升起的只是它微不足道的身体重量。而人呢，却要升起 300^3，即 27 000 000 倍的重量。换句话说，这个重量需要 2 700 万只跳蚤同时跳跃才能达到。一个人和 2 700 万只跳蚤做跳跃对比，结果一定是人要占上风，因为人能跳得比 40 厘米高。

现在道理已经讲得很明白了，这就是为什么动物的尺寸越小，跳跃的相对值就越大。如果把相同跳跃机能（指后肢构造）的各种动物的跳跃，拿来跟它们的身材大小做比较，结果就如下面的数字一样。

蚱蜢跳的距离是身长的 30 倍。

跳鼠跳的距离是身长的 15 倍。

袋鼠跳的距离是身长的 5 倍。

注 释

①男子跳高世界纪录是由古巴运动员哈维尔·索托马约尔 1993 年创造的 2.45 米。女子跳高世界纪录是由保加利亚运动员科斯塔迪诺娃 1987 年创造的 2.09 米。至今无人打破纪录。

6 哪一个更能飞

如果我们想正确地比较动物的飞行本领，就应该记住：翅膀的作用是因有空气阻力才产生的，而空气阻力的大小，是跟翅膀面积的大小有关（前提条件是翅膀以相同速度运动）。这个面积在动物尺寸加大时，跟动物长度的二次方成比例增加，而它所升起的重量（它的体重）跟长度的三次方成比例增加。因此，翅膀的每 1 平方厘米上的负载，会随着飞行动物尺寸的增大而增加《格列佛游记》书中巨人国的巨鹰，翅膀的每 1 平方厘米上承受的负载是普通鹰的 12 倍，而小人国中的鹰的负载是普通鹰的 $\frac{1}{12}$，两者相比，显然巨鹰是个低能的飞行动物了。

当然，这两者都是想象中的动物。让我们把目光转向现实中真实的动物，下面列出几个飞行动物翅膀上每 1 立方厘米所承受的负载数字（括号里是动物的体重）：

昆虫类

蜻蜓（0.9 克）……………………… 0.04 克

蚕蛾（2 克）……………………… 0.1 克

鸟类

岸燕（20 克）……………………… 0.14 克

鹰（260 克）……………………… 0.38 克

鹫（5000 克）……………………… 0.63 克

从上面列出的数字看出，飞行动物体型越大，翅膀上每 1 立方厘米所承受的负载就越大。所以，鸟类身体的增加一定会有个限度，超过这个界限，它就不能在空中飞翔了。有一些体型巨大的鸟，失去了飞行的能力，这并不是偶然的事。鸟类世界中这种"巨人"有：约有一人高的食火鸡、鸵鸟（2.5米），或是更巨大的、已经灭绝了的马达加斯加地方的隆鸟（5米）[1]，都不能飞[2]。图101中是鸵鸟和已经灭绝的马达加斯加地方的隆鸟骨骼示意图，左边是用来比较的一只鸡。它们的元祖当时身材要比它们小，可能是能飞的，后来由于练习不够，丧失了这个本领，同时，得到了增加身材的可能。

图 101

注　释

①最新研究表明，这种鸟在 17 世纪初还在地球上生存过。

②现存约有 40 种不会飞的鸟类，包括企鹅、鸵鸟、鸸鹋等。鸵鸟是世界上现存体型最大的鸟类。大雁是世界上飞得最高的鸟类，平均飞行高度为1 万米，其中斑头雁又是大雁中的登高冠军。每年夏季会飞跃珠穆朗玛峰到达西藏。

7 怎样从高处落下不受伤

　　在自然中，昆虫可以从高处落下而毫发无伤，而这个高度人类是不敢跳下去的。有些昆虫为了逃避天敌追逐，往往就会从高处的树枝上跳下，落到地上时一点损伤都没有。如何解释这种现象呢？

　　原来，体积不大的一个物体在碰到障碍的时候，它的各部分几乎马上就会停止运动，而不会发生一部分压在另一部分上的事情。

　　而当一个巨大的物体落下时，情况就不同了：当它碰到障碍物时，下面部分停止了运动，但上面部分却还在运动，这就造成对下面部分产生较强的压力。这就是使巨大动物机体受到损伤的那个"震动"。

　　正如《格列佛游记》中的小人国，如果有1 728个小人从树上散落下来，不会受太大伤害。但要是1 728个小人成堆落下，上面的小人就会把下面的小人压坏。而一个正常人的身材恰好等于1 728个小人之和。

　　此外，小动物高处落下没有损伤的第二原因是，这些动物各个部分的弹性较大。杆子或木板越薄，受到力的作用就越容易弯曲。在长度上，昆虫跟巨大的哺乳类动物相比，只是它的几百分之一；而弹性公式告诉我们，在它们的身体受到碰撞的时候，就会弯曲到大几百倍的程度。众所周知，假如碰撞是在长几百倍的路程上作用的话，它的破坏程度也会以相同的倍数减弱。

8 树木为什么不能长高到天上去

德国有句俗语："大自然很关心，不让树木长高到天顶。"[1] 那么这个"关心"是怎么个方式呢？

假设有一棵能够牢牢支撑自身重量的树，它的长度和直径尺寸都增加到100倍，那么它的体积就增加到了 100^3 倍，即 1 000 000 倍，同时它的重量也会增加到这个倍数。树干的抗压力跟截面积成正比，因此它的抗压力只增加到了 100^2 倍，即 10 000 倍。因此，这个时候的每 1 平方厘米的树干截面上就要承受到 100 倍的负载。显然，如果树木增加到这个高度，它的几何形状始终保持不变，那么这棵树就会被自己的重量所压坏[2]。高大的树木想要保持完整，它的粗细对高度的比就应该比低的树木大。如果想加粗树木，树的质量也会随之增加，也就是说，又要增加树的下部所承受的负载。因此，树木要有一定的高度极限。超过了这个高度限制，就会被压坏，这就是树木"不长高到天顶"的道理。

现实中，让我们感到惊奇的是麦秆的强度。比如拿黑麦来说，麦秆只有3毫米粗细，却高到1.5米。在建筑方面，最高最细的建筑应该是烟囱了，它的直径平均约5.5米，高度达到140米，烟囱的这个高度约是直径的26倍，但是拿到黑麦秆上来说，它的比值竟是500。当然，这里不能说，大自然的产物要比人类技术的产物完善得多。计算证明（很烦琐的计算，这里就不一一列出了），假如大自然要按照黑麦秆的条件造出一个高140米的管子，它的直径也应该在3米左右。 也只有这样，这个管子才会达到跟黑麦秆一样的强度，这跟人类科学技术手段制造的没啥差别。图102所示的是140米高的烟囱和假想高度的黑麦秆和麦秆。

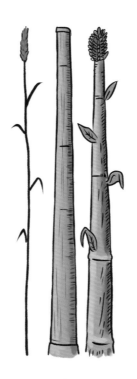

图 102

植物在增加高度时，它的粗细就要不成比例地增加，这个事实可以从下面例子中看出。黑麦秆的长度（1.5 米）等于它的粗细的 500 倍，竹竿（高 30 米）的比值是 130，松树（高 40 米）是 42，桉树（高 130 米）是 28。

注 释

①世界上最高的树是澳大利亚杏仁桉树，最高达 156 米，相当于 50 层楼的高度，美国最高的树是亥伯龙树（北美红杉），高达 112.5 米。世界上最小的树是北方柳树（又称草树），只有 2 厘米高。世界上历史最长的树是银杏（又名白果树），早在 1.6 亿年前就有了。

②除非树干的上端减细，就像所谓"等抗力杆"的形状。

9 伽利略著作中的生物力学

让我们用力学奠基人伽利略的著作《关于两门新科学的对话》中的几个内容，来结束本书的最后一个章节。

萨尔维阿蒂：我们应该非常明确，不仅是人类的技术不能无限制地增加创造物尺寸，即使是大自然也是不可以的。比如，人类不可能建造极其巨大的船只、宫殿和庙宇，因为没有相应的桨、桅杆、梁、铁箍以及其他各种零部件来坚固地维系它。大自然也不可能生长出极其巨大的树木，否则它的枝丫就会在自己巨大的重量作用下断裂。同样，也不可能有过分巨大的人骨、马骨或者是其他动物的骨头，能够保持并适应它的功用。如果动物的尺寸特别巨大，它的骨骼就要比平常的骨骼坚强很多，骨骼的样子会发生改变，粗细上要相应增加，如此一来在构造上和外形上就给人一种特别肥大的印象。对于这一点，具有敏锐观察力的诗人阿利渥斯妥在《狂暴的罗德兰》一书中就曾说过，他在描写巨人的时候说：

> 他高大的身材使他的肢体变得这么粗，
>
> 以至于他的样子看上去就像是一个怪物。

根据我刚刚说的这些，可以参考下面这张图（图103），算是上面所说的例证。图上大骨头的长度仅是小骨头的3倍，而粗细却要增加这么多倍，才能达到小骨头对小型动物那样稳妥可靠地给大动物使用。从图中就能看出，加大的骨头是有多么粗大。从而我们得出一个结论，要想让巨人身上保留常人肢体的比例，就必须找到一种更加方便、更加坚强的物质来构成骨头，不然的话，巨大身体的强度会比常人的还小，把尺寸加到极大的时候，会使整个身体被自身的重量所压坏。反之，如果减小身体的尺寸，而它的强度并不会按照比例减弱，甚至在比较小的物体里，还会看到强度的相对增高。比如，一只小狗可以背起两只或者三只同样的狗，但是一匹马就不能背起哪怕是一匹同样大小的马。

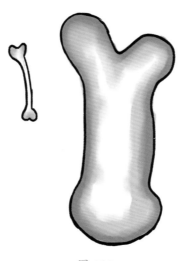

图 103

辛普利丘：我有足够的理由怀疑你刚才说的这些内容的正确性。因为在鱼类中可以看到巨大身躯，譬如说鲸鱼[1]，如果我没记错的话，它的大小等于十只大象，但是它的身躯却安然无恙，完美地支撑着。

萨尔维阿蒂：辛普利丘先生，您说的这个观点正好让我想起了刚才遗漏掉的一个条件。如果具备了这个条件，巨人和巨大的动物就能很好地生存，并且不比小动物差。这个条件就是，如果只是增加用来承受本身重量和身体上连带部分重量的骨头和其他部分的粗细与强度，还不如让骨头的构造与比例不变，而去减轻骨头的重量以及连接在骨头上，并被骨肉所支撑着的身体各部分的物质质量。大自然在创造鱼类时，就用的是这个方式，它使鱼类的骨头和身体各部分不但很轻，而且完全消失了重量。

辛普利丘：我明白了，萨尔维阿蒂先生。你是说，鱼类是生活在水中的，因为水本身的重量，剥夺了浸在水中物体的重量，因此构成鱼类的物质在水里是失掉了重量的，可以不用骨头的支撑。但是我还是觉得有一点不够明白，假设鱼类的骨头不用支撑身体的重量，但是构成骨头的这些物质会有重量呀，有谁能证明那一根根粗梁般大小的鲸鱼肋骨没有一定的重量呢，有谁能证明它不会沉到海底去呢？根据您的理论，鲸鱼这么大的物种是不应该存在的。

萨尔维阿蒂：为了反驳你的论据，我先向您提出一个问题：您可能看到过在一处平静的死水中，有既不下沉，也不浮起，一动不动的鱼？

辛普利丘：这种现象大家都知道。

萨尔维阿蒂：既然鱼能够在水中保持这个动作，一动不动地停在水中，那么就说明鱼类身躯在整体上是与水的比重相等的。既然鱼的身体里有些部分比水重，那么就一定有一部分比水轻，这样才能达到平衡。既然说骨头比水重，那么鱼身体的肌肉或者某些器官就应该比水轻，正是这些部分比水轻才剥夺了骨头的重量。因此，在水中的生物情况跟陆地上的生物情况完全相反：陆生动物应该用骨头来支撑骨头和肌肉的重量，而水生动物却用肌肉承受骨头和肌肉的重量。所以，极其巨大的动物能在水中生存，在陆地上（在空气里）不能生存，是一点都不奇怪的。

沙格列陀：我很喜欢辛普利丘先生的议论，喜欢他的疑问和对问题的解答。我从中可以得出结论，如果把一条大鱼拖到岸上，它是不可能支撑太久的，因为它的骨头之间的联系很快就会断裂，整个身躯就会塌下来。

注　释

　　①在伽利略时代，人们认为鲸是鱼类。实际上，鲸是哺乳类，用肺呼吸的动物。值得注意的是，鲸是水生动物。